高等职业教育项目课程改革规划教材

半固体及其他制剂工艺

主　编　李远文
参　编　孙　玺　吴伟东
主　审　韩正洲

机械工业出版社

本书为高等职业教育项目课程改革规划教材之一，由高等职业教育项目课程改革规划教材编审委员会组织编写。本书以《中华人民共和国药典》（2010 年版）为依据，以药品生产质量管理规范（2010 年修订）为原则，按照项目教学法要求共分为软膏剂的制备、栓剂的制备、丸剂的制备、滴丸剂的制备四个项目和附录。四个项目有的按照制备的复杂程度分为若干个子项目，每个子项目则按照操作先后顺序分为若干个操作工序。每个工序由准备工作、生产过程、清洁清场等几部分组成。

在各操作工序中提供了与该工序相关的知识链接，有的配有同步“想一想”“练一练”习题。在项目操作结束时配有大量的综合练习题。

本书可供高等职业院校和技工院校药物制剂相关专业教学使用，也适用于医药行业相应岗位技能培训与技能鉴定培训使用。

本书配有电子课件，凡使用本书作教材的教师可登录机械工业出版社教材服务网（http://www.cmpedu.com）下载，或发送电子邮件至 cmpgaozhi@sina.com 索取。咨询电话：010-88379375。

图书在版编目（CIP）数据

半固体及其他制剂工艺 / 李远文主编. —北京：机械工业出版社，2013.5（2024.2 重印）

高等职业教育项目课程改革规划教材

ISBN 978-7-111-42782-7

Ⅰ. ①半… Ⅱ. ①李… Ⅲ. ①固体—药物—制剂—高等职业教育—教材 Ⅳ. ①TQ460.6

中国版本图书馆 CIP 数据核字（2013）第 119507 号

机械工业出版社（北京市百万庄大街 22 号 邮政编码 100037）

策划编辑：边 萌 责任编辑：边 萌 王丽滨

责任印制：李 昂

北京捷迅佳彩印刷有限公司印刷

2024 年 2 月第 1 版第 3 次印刷

184mm×260mm · 10.25 印张 · 250 千字

标准书号：ISBN 978-7-111-42782-7

定价：32.00 元

电话服务	网络服务
客服电话：010-88361066	机 工 官 网：www.cmpbook.com
010-88379833	机 工 官 博：weibo.com/cmp1952
010-68326294	金 书 网：www.golden-book.com
封底无防伪标均为盗版	机工教育服务网：www.cmpedu.com

高等职业教育项目课程改革规划教材编审委员会

序

我国的职业教育正在经历课程改革的重要阶段。传统的学科型课程被彻底解构，以岗位实际工作能力的培养为导向的课程正在逐步建构起来。在这一转型过程中，出现了两种看似很接近，人们也并不注意区分，而实际上却存在重大理论基础差别的课程模式，即任务驱动型课程和项目化课程。二者的表面很接近，是因为它们都强调以岗位实际工作内容为课程内容。国际上已就如何获得岗位实际工作内容取得了完全相同的基本认识，那就是以任务分析为方法。这可能是二者最为接近之处，也是人们容易混淆二者关系的关键所在。

然而极少有人意识到，岗位上实际存在两种任务，即概括的任务和具体的任务。例如，对商务专业而言，联系客户是概括的任务，而联系某个特定业务的特定客户则是具体的任务。工业类专业同样存在这一明显区分，如汽车专业判断发动机故障是概括的任务，而判断一辆特定汽车的发动机故障则是具体的任务。当然，许多有见识的课程专家还是敏锐地觉察到了这一区别，如我国的姜大源教授，他使用了写意的任务和写实的任务这两个概念。美国也有课程专家意识到了这一区别并为之困惑。他们提出的问题是："我们强调教给学生任务，可现实中的任务是非常具体的，我们该教给学生哪件任务呢？显然，我们是没有时间教给他们所有具体任务的"。

意识到存在这两种类型的任务是职业教育课程研究的巨大进步。而对这一问题的有效处理，将大大推进以岗位实际工作能力的培养为导向的课程模式在职业院校的实施。项目课程就是为解决这一矛盾而产生的课程理论。姜大源教授主张在课程设计中区分两个概念，即课程内容和教学载体。课程内容即要教给学生的知识、技能和态度，它们是形成职业能力的条件（不是职业能力本身），课程内容的获得要以概括的任务为分析对象。教学载体即学习课程内容的具体依托，它要解决的问题是如何在具体活动中实现知识、技能和态度向职业能力的转化，它的获得要以具体的任务为分析对象。实现课程内容和教学载体的有机统一，就是项目课程设计的关键环节。

这套教材设计的理论基础就是项目课程。教材是课程的重要构成要素。作为一门完整的课程，我们需要课程标准、授课方案、教学资源和评价方案等，但教材是其中非常重要的构成要素，它是连接课程理念与教学行为的重要桥梁，是综合体现各种课程要素的教学工具。一本好的教材既要能体现课程标准，又要能为寻找所需教学资源提供清晰索引，还要能有效地引导学生对教材进行学习和评价。可见，教材开发是项非常复杂的工程，对项目课程的教材开发来说更是如此，因为它没有成熟的模式可循，即使在国外我们也几乎找不到成熟的项目课程教材。然而，除这些困难外，项目教材的开发还担负着一项艰巨任务，那就是如何实现教材内容的突破，如何把现实中非常实用的工作知识有机地组织到教材中去。

这套教材在以上这些方面都进行了谨慎而又积极的尝试，其开发经历了一个较长过程（约4年时间）。首先，教材开发者们组织企业的专家，以专业为单位对相应职业岗位上的工作任务与职业能力进行了细致而有逻辑的分析，并以此为基础重新进行了课程设置，撰写了专业教学标准，以使课程结构与工作结构更好地吻合，最大限度地实现职业能力的培养。其次，教材开发者们以每门课程为单位，进行了课程标准与教学方案的开发，在这一环节中尤其突出了教学载体的选择和课程内容的重构。教学载体的选择要求具有典型性，符合课程目标要求，并体现该门课程的学习逻辑。课程内容则要求真正描绘出实施项目所需要的专业知识，尤其是现实中的工作知识。在取得以上课程开发基础研究的完整成果后，教材开发者们才着手进行了这套教材的编写。

经过模式定型、初稿、试用、定稿等一系列复杂阶段，这套教材终于得以诞生。它的诞生是目前我国项目课程改革中的重要事件。因为它很好地体现了项目课程思想，无论在结构还是内容方面都达到了高质量教材的要求；它所覆盖专业之广，涉及课程之多，在以往类似教材中少见，其系统性将极大地方便教师对项目课程的实施；对其开发遵循了以课程研究为先导的教材开发范式。对一个国家而言，一个专业、一门课程，其教材建设水平其实体现的是课程研究水平，而最终又要直接影响其教育和教学水平。

当然，这套教材也不是十全十美的，我想教材开发者们也会认同这一点。来美国之前我就抱有一个强烈愿望，希望看看美国的职业教育教材是什么样子，因此每到学校考察必首先关注其教材，然而往往也是失望而回。在美国确实有许多优秀教材，尤其是普通教育的教材，设计得非常严密，其考虑之精细令人赞叹，但职业教育教材却往往只是一些参考书。美国教授对传统职业教育教材也多有批评，有教授认为这种教材只是信息的堆砌，而非真正的教材。真正的教材应体现教与学的过程。如此看来，职业教育教材建设是全球所面临的共同任务。这套教材的开发者们一定会继续为圆满完成这一任务而努力，因此他们也一定会欢迎老师和同学对教材的不足之处不吝赐教。

徐国庆

2010 年 9 月 25 日于美国俄亥俄州立大学

前 言

半固体制剂及其他制剂是药物制剂的重要组成部分，半固体制剂以软为特征，在轻度的外力作用下或在体温下易于流动和变形，使用时便于挤出，并均匀涂布，常用于皮肤、眼部、鼻腔、阴道和肛门等部位的外用给药系统。

本书是《固体制剂工艺》（ISBN978-111-38833-3）的姊妹篇，同样是以药品生产企业相同剂型的生产操作为主要内容，本书的内容以半固体及其他制剂为主。按照项目教学法的要求，本书共分为软膏剂的制备、栓剂的制备、丸剂的制备、滴丸剂的制备四个项目和附录，前四个项目有的按照制备的复杂程度分为若干个子项目，每个子项目则按照操作先后顺序分若干个操作工序，每个工序由准备工作、生产过程、清洁清场等几部分组成。各项目要求制备的制剂符合《中国药典》的要求。书中出现的《中国药典》均系指《中华人民共和国药典》2010 年版。

在各操作工序中提供了与该工序相关的知识链接，有的配有同步“想一想”“练一练”习题。在项目操作结束时配有大量的综合练习题。通过项目实训使学生更好地掌握固体制剂工艺的基本理论与基本操作技能，培养学生的严谨的学习作风，使学生尽可能多地接触企业的相关生产项目，了解企业在实际生产中的各项要求，让学生在校期间通过实训去取代相应的工作经历，缩短毕业后就业的适应期，快速融入企业，融入社会，发挥特长，展示高等技工教育的优势，培养出适应社会需求、用人单位欢迎的技能型高级人才。

另外，本书有三个附录。附录 A 为药物制剂的新剂型简介，附录 B 为相关剂型生产工艺规程示例，附录 C 为药物制剂处方的综合设计，供学生在实训时参考。

本书由深圳技师学院李远文任主编。参加本书项目研讨、子项目编写和定稿的有深圳技师学院李远文、孙玺、吴伟东老师。华润三九医药股份有限公司韩正洲高级工程师在百忙之中审阅了本书全稿。本书的出版得到了机械工业出版社的大力支持，在此致以诚挚的谢意。

由于编者水平有限，加之专业技术发展很快，生产装备不断更新，所以本书难免有不足之处，恳请各位专家、各校师生和使用者批评指正。

编 者

目 录

项目一　软膏剂的制备

项目说明

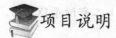

本项目所指的软膏剂包括《中华人民共和国药典》（以下简称《中国药典》）（2010 年版）二部中的软膏剂、乳膏剂、糊剂及《中国药典》（2010 年版）一部中的软膏剂。本项目分油脂性基质软膏剂的制备、乳膏剂的制备及水溶性基质软膏剂的制备三个子项目。每个子项目按照操作先后顺序共分物料称量、配制、灌封（内包装）、外包装四个工序，每个工序由准备工作、生产过程、清洁清场等几部分组成，在完成各子项目过程中需要参考相应的岗位标准操作程序（Standard Operating Procedure, SOP）及设备的标准操作程序（SOP），因操作程序随设备的不同而不同，相应的 SOP 另行提供。本项目制备的软膏剂应符合《中国药典》（2010 年版）的要求。

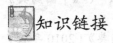

知识链接

认识软膏剂、乳膏剂、糊剂

软膏剂　系指药物与油脂性或水溶性基质混合制成的均匀的半固体外用制剂。因药物在基质中的分散状态不同，所以有溶液型软膏剂和混悬型软膏剂之分。溶液型软膏剂为药物溶解（或共熔）于基质或基质组分中制成的软膏剂；混悬型软膏剂为药物细粉均匀分散于基质中制成的软膏剂。

乳膏剂　系指药物溶解或分散于乳液型基质中形成均匀的半固体外用制剂。乳膏剂由于基质不同，可分为水包油型乳膏剂与油包水型乳膏剂。

糊剂　系指大量的固体粉末（一般 25%以上）均匀地分散在适宜的基质中所组成的半固体外用制剂。可分为单相含水凝胶性糊剂和脂肪糊剂。

软膏剂、乳膏剂和糊剂在生产与贮藏期间均应符合下列规定。

（1）软膏剂、乳膏剂和糊剂的基质应根据各剂型的特点、药物的性质、制剂的疗效和产品的稳定性选用。基质也可由不同类型的基质混合组成。

软膏剂基质可分为油脂性基质和水溶性基质。油脂性基质常用的有凡士林、石蜡、液状石蜡、硅油、蜂蜡、硬脂酸和羊毛脂等；水溶性基质主要有聚乙二醇。乳膏剂常用的乳化剂可分为水包油型和油包水型。水包油型乳化剂有钠皂、三乙醇胺皂类、脂肪醇硫酸（酯）钠类（十二烷基硫酸钠）和聚山梨酯类等。油包水型乳化剂有钙皂、羊毛脂、单甘油酯和脂肪醇等。

（2）软膏剂、乳膏剂和糊剂的基质应均匀、细腻，涂于皮肤或黏膜上应无刺激性。混悬型软膏剂中不溶性固体药物及糊剂的固体成分，均应预先用适宜的方法磨成细粉，确保粒度符合规定。

（3）软膏剂、乳膏剂根据需要可加入保湿剂、防腐剂、增稠剂、抗氧剂及透皮促进剂。

（4）软膏剂、乳膏剂应具有适当的黏稠度，糊剂稠度一般较大，但均应易涂布于皮肤

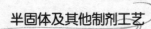

或黏膜上不融化，黏稠度随季节变化应很小。

（5）软膏剂、乳膏剂和糊剂应无酸败、异臭、变色、变硬，乳膏剂不得有油水分离及胀气现象。

（6）除另有规定外，软膏剂、糊剂应遮光密闭储存；乳膏剂应密封，置25℃以下储存，不得冷冻。

【粒度】除另有规定外，混悬型软膏剂取适量的供试品，涂成薄层，薄层面积相当于盖玻片面积，共涂三片，按照“粒度测定法”（《中国药典》（2010年版）二部附录IXE第一法）检查，均不得检出大于180 μm的粒子。

【装量】按照“最低装量检查法”（《中国药典》（2010年版）二部附录XF）检查，应符合规定。具体要求见表1-1。

表1-1　软膏剂、乳膏剂和糊剂装量要求

标示装量	平均装量	每个容器装量
20g以下	不少于标示装量	不少于标示装量的93%
20g～50g	不少于标示装量	不少于标示装量的95%
50g以上	不少于标示装量	不少于标示装量的97%

【无菌】用于烧伤或严重损伤的软膏剂和乳膏剂，按照“无菌检查法”（《中国药典》（2010年版）二部附录XI H）检查，应符合规定。

【微生物限度】除另有规定外，按照“微生物限度检查法”（《中国药典》（2010年版）二部附录XI J）检查，应符合规定。具体指标如下：

细菌数　每1g不得过100cfu。

霉菌和酵母菌数　每1g不得过100cfu。

金黄色葡萄球菌、铜绿假单胞菌　不得检出。

学习目标

（1）了解软膏剂的概念、种类、特点和质量要求，理解其制备方法及影响因素。

（2）了解软膏剂的制备方法、药物加入方法相关知识。

（3）了解GMP（Good Manufacturing Practice, GMP），即《药品生产质量管理规范》对软膏剂生产的管理要点。

（4）熟悉软膏剂辅料的作用及性质。

（5）会使用常用的称量、乳化、灌装封口、包装设备

（6）能按指令执行典型标准操作规程，完成实训子项目，并正确填写制备操作记录。

（7）能在实训过程正确完成中间产品的质量监控。

（8）能按GMP要求完成实训后的清洁清场操作。

子项目一　油脂性基质软膏剂的制备

子项目说明

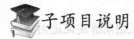

本子项目在教学过程中，以红霉素软膏（1%，10g/支）（图1-1）为例进行制备过程的

学习。本药品收载于《中国药典》（2010年版）二部。

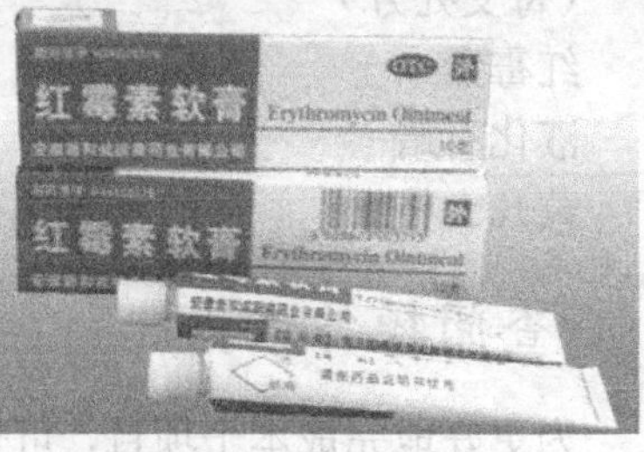

图 1-1　红霉素软膏

红霉素软膏为白色至黄色油脂性软膏，主药红霉素为大环内酯类抗生素，抗菌谱较广，对大多数革兰阳性菌、部分革兰阴性菌及一些非典型性致病菌，如衣原体、支原体均有抗菌活性，通常用于化脓性皮肤感染及对青霉素耐药的葡萄球菌感染，在医疗救助中占有重要的地位，特别是在外科手术、伤口的痊愈和皮肤的溃烂方面运用较多，效果明显。

知识链接

软膏剂的发展

软膏剂的发展过程与基质的应用类型密切相关。软膏剂在我国创始很早，公元前2世纪在《灵枢经》中即有“涂以豚脂”的记载。汉代张仲景在《金匮要略》中记载有软膏剂及其制法和使用，所用基质多为植物油，又称油膏剂。随着石油化学工业的迅速发展，广泛采用凡士林、石蜡等烃类物质作为基质。随着高分子材料的发展，高分子材料的新型乳剂基质和水溶性基质的品种明显增加，从而制成较为理想的软膏剂。与软膏剂密切相关的防护用品、化妆品的发展则更快。新基质的不断出现、药物透皮吸收途径与机理研究、生产工艺的革新、生产与包装自动化程度的不断提高，使软膏剂在医疗保健及劳动防护等方面发挥了更大的作用。近年来，利用皮肤给药方便、可随时终止给药这一特点，通过皮肤给药而达到全身治疗作用的制剂日趋增多。

子项目教学环节

接受操作指令

红霉素软膏批生产指令单见表1-2。

表 1-2　红霉素软膏批生产指令单

品　名	红霉素软膏	规　格	1%，10g/支
批号		理论投料量	10支
采用的工艺规程名称		红霉素软膏工艺规程	
原辅料的批号和理论用量			
序　号	物料名称	批　号	理论用量/g
1	红霉素		1
2	液化石蜡		2
3	黄凡士林		97
生产开始日期	年　月　日	生产结束日期	年　月　日
制表人		制表日期	年　月　日
审核人		审核日期	年　月　日

生产处方：

（每支处方）

红霉素 0.1g

液化石蜡 0.2g

黄凡士林 9.7g

查阅操作依据

为更好地完成本子项目，可查阅《红霉素软膏工艺规程》《中国药典》（2010年版）等与本子项目密切相关的文件资料。

制定操作工序

根据本品种的制备要求制定操作工序为

称量→配制→灌封（内包装）→外包装

每个工序由准备工作、生产过程、清洁清场等几部分组成。在操作过程中填写油脂性基质软膏剂的制备操作记录，见表1-3。

表1-3 油脂性基质软膏剂的制备操作记录

品　　名	红霉素软膏	规　　格	1%，10g/支	批　　号	
操作日期	年　月　日	房间编号	温度　℃	相对湿度	%
操作步骤	操作要求		操作记录		操作时间
1．操作前检查	设备是否完好正常		□是　□否		时　分～ 时　分
	设备、容器、工具是否清洁		□是　□否		
	计量器具仪表是否校验合格		□是　□否		
2．称量	（1）按生产处方规定，称取各种物料，记录品名、用量 （2）每支生产处方如下： 红霉素 0.1g；液化石蜡 0.2g；黄凡士林 9.7g		按生产处方规定，称取各种物料，记录如下： 红霉素　g 液化石蜡　g 黄凡士林　g		时　分～ 时　分
3．配制	（1）黄凡士林灭菌：将称量好的黄凡士林投入油相罐中，打开蒸气阀门对油相罐进行加热，使黄凡士林达到150℃，并保温1h，同时开动搅拌 （2）降温：将油相罐的蒸气阀门关闭，打开循环水阀门，对黄凡士林进行降温，使温度降至80℃ （3）将红霉素投入处方量的液化石蜡中搅拌，使溶解完全 （4）混合：将上述溶解红霉素的液化石蜡通过带过滤网的管路压入油相罐中，起动搅拌器、真空泵、加热装置。融合完全后，降温，停止搅拌，真空静置 （5）静置：将软膏静置2h后，称重，送至灌封工序		（1）黄凡士林灭菌： 温度　℃， 保温时间　h； （2）降温 降至温度　℃； （3）将红霉素　g溶于　g液化石蜡中搅拌，使溶解完全 （4）混合： 混合时间　min 搅拌速度　r/min （5）静置： 静置时间　h 软膏重量　g		时　分～ 时　分
4．灌封（内包装）	（1）按灌封岗位SOP进行操作，将上工序的物料进行灌封 （2）工艺、设备参数： 空复合软管规格为10g/支； 配套模具规格为10g/支； 灌装速度：中速 （3）在灌装过程中进行装量差异检查 （4）灌装后进行物料平衡计算，物料平衡限度控制为98%～100%		（1）工艺、设备参数： 空复合软管规格为　g/支； 配套模具规格为　g/支； 灌装速度：中速 （2）分装数量：　支 （3）物料平衡：		时　分～ 时　分

（续）

品　名	红霉素软膏	规　格	1%，10g/支	批　号	
操作日期	年　月　日	房间编号	温度	℃	相对湿度　%
操作步骤	操作要求		操作记录		操作时间
5. 外包装	（1）装小盒：每小盒内装1支软膏，放1张产品说明书 （2）装中盒：每20小盒为1中盒，封口 （3）装箱：将封好的中盒装置于已封底的纸箱内，每10中盒为1箱，然后用封箱胶带封箱，打包带（2条/箱）		（1）装小盒：每小盒内装　支软膏，放　张产品说明书 （2）装中盒：每　小盒为1中盒，封口 （3）装箱：将封好的中盒装置于已封底的纸箱内，每　中盒为1箱，然后用封箱胶带封箱，打包带（　条/箱）		时　分～ 时　分
6. 清场	（1）生产结束后将物料全部清理，并定置放置 （2）撤除本批生产状态标识 （3）使用过的设备、容器及工具应清洁、无异物并实行定置管理 （4）设备内外，尤其是接触药品的部位要清洁，做到无油污，无异物 （5）地面、墙壁应清洁，门窗及附属设备无积灰，无异物 （6）不留本批产品的生产记录及本批生产指令单等书面文件		QA人员检查确认　□合格　□不合格		时　分～ 时　分
备注					
操　作　人		复　核　人		QA人员	

确定工艺参数（请学生在进行操作前确定下列关键工艺参数）

（1）黄凡士林灭菌温度：__________℃，时间___________min。

（2）混合设备的转速：___________r/min。

（3）混合时间：___________min。

（4）包装规格：___________g/支。

实施操作过程

操作工序一　称　量

一、准备工作

（一）生产人员

（1）生产人员应当经过培训，培训的内容应当与本岗位的要求相适应。除进行GMP理论和实践的培训外，还应当有相关法规、岗位的职责、技能及卫生要求的培训。

（2）避免体表有伤口，患有传染病或其他可能污染药品疾病的人员从事直接接触药品的生产。

（3）生产人员均应当按照规定更衣。工作服的选材、式样及穿戴方式应当与所从事的工作和空气洁净度级别要求相适应。

（4）生产人员不得化妆和佩戴饰物。

（5）生产人员应当避免裸手直接接触药品、与药品直接接触的包装材料和设备表面。

（6）生产人员按D级洁净区生产人员进出标准程序进入生产操作区。

（二）生产环境

（1）生产区的内表面（墙壁、地面、顶棚）应当平整光滑、无裂缝、接口严密、无颗粒物脱落，避免积尘，便于有效清洁，必要时应当进行消毒。

（2）各种管道、照明设施、风口和其他公用设施的设计和安装应当避免出现不易清洁的部位，应当尽可能在生产区外部对其进行维护。

（3）排水设施应当大小适宜，并安装防止倒灌的装置。应当尽可能避免明沟排水，不可避免时，明沟宜浅，以方便清洁和消毒。

（4）制剂的原辅料称量应当在专门设计的称量室内进行。

（5）生产过程中产生粉尘的操作间（如干燥物料或产品的取样、称量、混合、包装等操作间）应当保持相对负压或采取专门的措施，防止粉尘扩散，避免交叉污染并便于清洁。

（6）生产区应当有适度的照明，一般不能低于300lx，照明灯罩应密封完好。

（7）洁净区与非洁净区之间、不同级别洁净区之间的压差应当不低于10Pa。

（8）本工序的生产区域应按D级洁净区的要求设置，根据产品的标准和特性对该区域采取适当的微生物监控措施。

（三）生产文件

1．批生产指令单

2．称量岗位标准操作规程

3．XK3190—A12E台秤标准操作规程

4．XK3190—A12E台秤清洁消毒标准操作规程

5．称量岗位清洁清场标准操作规程

6．称量岗位生产前确认记录

7．称量间配料记录

（四）生产用物料

本岗位所用物料为经质量检验部门检验合格的红霉素、液化石蜡、黄凡士林。本岗位所用物料应经物料净化后进入称量间。

一般情况下，工艺上的物料净化包括脱包、传递和传输。脱外包包括采用吸尘器或清扫的方式清除物料外包装表面的尘粒，污染较大，故脱外包间应设在洁净室外侧。在脱外包间与洁净室（区）之间应设置传递窗（柜）或缓冲间，用于传递清洁后的原辅料、包装材料和其他物品。传递窗（柜）两边的传递门，应有联锁装置以防止被同时打开，密封性好并易于清洁。

传递窗（柜）的尺寸和结构，应满足传递物品的大小和重量的需要。

原辅料进出D级洁净区，按物料进出D级洁净区清洁消毒操作规程操作。

（五）设施、设备

生产车间应在配料间安装捕尘、吸尘等设施。配料设备（如电子秤等）的技术参数应经验证确认。配料间进风口应有适宜的过滤装置，出风口应有防止空气倒流的装置。

（1）进入称量间，检查是否有“清场合格证”，并且检查是否在清洁有效期内，并请现场QA人员检查。

（2）检查称量间是否有与本批次产品无关的遗留物品。

（3）对台秤等计量器具进行检查，是否具有“完好”的标识卡及“已清洁”标识。检查设备是否正常，若有一般故障自己排除，自己不能排除的则通知维修人员，正常后方可运行。要求计量器具完好，性能与称量要求相符，有检定合格证，并在检定有效期内。正常后进行下一步操作。

(4) 检查操作间的进风口与回风口是否在更换有效期内。

(5) 检查记录台是否清洁干净，是否留有上批的生产记录表或与本批无关的文件。

(6) 检查操作间的温度、相对湿度、压差是否与生产要求相符，并记录洁净区温度、相对湿度、压差。

(7) 查看并填写“生产交接班记录”。

(8) 接收到“批生产指令单”“生产操作记录”“中间产品交接单”等文件，要仔细阅读批生产指令单，明了产品名称、规格、批号、批量、工艺要求等指令。

(9) 复核所有物料是否正确，容器外标签是否清楚，内容与标签是否相符，核重量、件数是否相符。

(10) 检查使用的周转容器及生产用具是否清洁，有无破损。

(11) 检查吸尘系统是否清洁。

(12) 上述各项达到要求后，由 QA 人员验证合格，取得清场合格证附于本批次生产记录内。将操作间的状态标识改为“生产运行”后方可进行下一步生产操作。

二、生产过程

(一) 生产操作

根据生产指令单填写领料单，从备料间领取红霉素、液化石蜡、黄凡士林，并核对品名、批号、规格、数量、质量无误后，进行下一步操作。

按批生产指令单、《XK3190—A12E 台秤标准操作规程》进行称量。

完成称量子项目后，按《XK3190—A12E 台秤标准操作规程》关停电子秤。

将所称量物料装入洁净的盛装容器中，转入下一子项目，并按批生产记录管理制度及时填写相关生产记录。

将配料所剩的尾料收集，标明状态，交中间站，并填写好生产记录。

如有异常情况，应及时报告技术人员，并协商解决。

(二) 质量控制要点

(1) 物料标识：符合 GMP 要求。

(2) 性状：符合药品标准规定。

(3) 检验合格报告单：有检验合格报告单。

(4) 数量：核对准确。

三、清洁清场

(1) 将物料用干净的不锈钢桶盛放、密封，容器内外均附上状态标识，备用。转入下道工序。

(2) 按 D 级洁净区清洁消毒程序清理工作现场、工具、容器具、设备，并请 QA 人员检查，合格后发给《清场合格证》，将《清洁合格证》挂贴于操作室门上，作为后续产品开工凭证。

(3) 撤掉运行状态标识，挂清场合格标识，按清洁程序清理现场。

(4) 及时填写批生产记录、设备运行记录、交接班记录等，并复核、检查记录是否有漏记或错记现象，复核中间产品检验结果是否在规定范围内；检查记录中的各项是否有偏差，如果发生偏差则按《生产过程偏差处理规程》操作。

（5）关好水、电开关及门，按进入程序的相反程序退出。

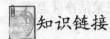

知识链接

称量方法

1．直接称量法

称量物体，如烧杯、表面皿、坩埚等，一般采用直接称量法。即用砝码直接与被称物平衡，此时砝码的重量就是被称物的重量。

方法如下：用一条干净的纸条拿取被称物放入天平的称量盘，然后去掉纸条，在砝码盘上加砝码。此时，砝码所标示的重量就等于被称物的重量。

2．增量法

此法一般用来称量规定重量的试样。方法如下：

将盛物容器放于天平的称量盘，在砝码盘上加适当的砝码使之平衡，得到盛物容器重 W_0，然后在砝码盘上添加与所称试样同重的砝码，用牛角勺取试样加于盛物容器中，直至达到平衡。此时，砝码总重 W 为称取样品的重量。

3．减量法

此法一般用来连续称取几个试样，其量允许在一定范围内波动，也用于称取易吸湿、易氧化或易与二氧化碳反应的试样。此法称取固体试样的方法为：将适量试样装入称量瓶中，用纸条缠住称量瓶放于天平托盘上，称得称量瓶及试样重量为 W_1，然后用纸条缠住称量瓶，从天平盘上取出，举放于容器上方，瓶口向下稍倾，用纸捏住称量瓶盖，轻敲瓶口上部，使试样慢慢落入容器中，当倾出的试样已接近所需要的重量时，慢慢地将称量瓶竖起，再用称量瓶盖轻敲瓶口下部，使瓶口的试样集中到一起，盖好瓶盖，放回到天平盘上称量，得 W_2，两次称量之差就是试样的重量。如此继续进行，可称取多份试样。

第一份　试样重 $= W_1 - W_2$

第二份　试样重 $= W_2 - W_3$

想一想

1．称量的方法有哪些？

2．减量法有什么优点，应用范围有哪些？

操作工序二　配　制

一、准备工作

（一）生产人员

本工序生产人员应提前学习与本工序相关的技术文件，掌握本工序的操作要点。

生产人员的素质要求及进入洁净区的程序参见操作工序一。

（二）生产环境

本工序生产环境的要求按 GMP（2010 年版）有关 D 级洁净区的规定执行，具体参见操作工序一。

（三）生产文件

1．批生产指令单

2．配制岗位标准操作规程

3．配制罐标准操作规程

4．配制罐清洁消毒标准操作规程

5．配制岗位清洁清场标准操作规程

6．配制岗位生产前确认记录

7．配制工序操作记录

（四）生产用物料

本工序生产用物料为称量工序按生产指令要求称量后的红霉素、液化石蜡、黄凡士林，操作人员到中间站或称量工序领取，领取过程按规定办理物料交接手续。

（五）设施、设备

（1）检查操作间、工具、容器、设备等是否有清场合格标识，并核对是否在有效期内。否则按清场标准程序进行清场并经 QA 人员检查合格后，填写“清场合格证”，方可进入下一步操作。

（2）根据要求选择适宜软膏剂配制的油相罐（图 1-2）。设备要有“合格”标牌、“已清洁”标牌，并对设备状况进行检查，确认设备正常方可使用。

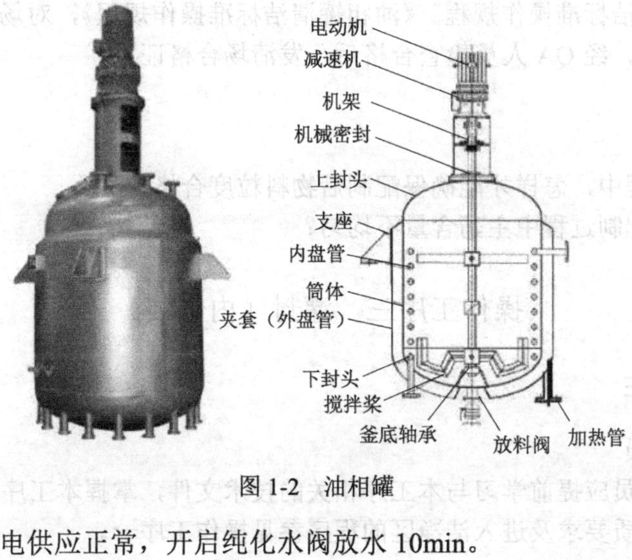

图 1-2 油相罐

（3）检查水、电供应正常，开启纯化水阀放水 10min。

（4）检查配制容器、用具是否清洁干燥，必要时用 75%乙醇溶液对油相罐、配制容器、用具进行消毒。

（5）根据生产指令填写领料单，从备料称量间领取原、辅料，并核对品名、批号、规格、数量和质量，无误后进行下一步操作。

（6）操作前检查加热、搅拌、真空是否正常，关闭油相罐底部阀门，打开真空泵冷却水阀门。

（7）挂“运行”状态标识，进入配制操作。

二、生产过程

（一）生产操作

（1）黄凡士林灭菌：将称量好的黄凡士林投入油相罐中（图 1-2），打开蒸气阀门对油相罐进行加热，使黄凡士林达到 150℃，并保温 1h，同时开动搅拌。

（2）降温：将油相罐的蒸气阀门关闭，打开循环水阀门，对黄凡士林进行降温，使温度降至 80℃。

（3）将红霉素投入处方量的液化石蜡中搅拌，使其溶解完全。

（4）混合：将上述溶解红霉素的液化石蜡通过带过滤网的管路压入油相罐中，启动搅拌桨、真空泵、加热装置。融合完全后，降温，停止搅拌，真空静置。

（5）静置：将软膏静置 2h 后，称重，送至灌封工序。

（6）在操作过程中按规定填写“生产操作记录”。

（二）质量控制要点

（1）外观：白色或黄色软膏。

（2）粒度：均匀、细腻，涂于皮肤或黏膜上应无刺激性。

（3）粘稠度：易涂布于皮肤或黏膜上，不融化。

三、清洁清场

按《操作间清洁标准操作规程》《油相罐清洁标准操作规程》，对场地、设备、用具和容器进行清洁消毒，经 QA 人员检查合格后，发清场合格证。

想一想

1．在操作过程中，怎样才能确保配制后物料粒度合格？

2．怎样避免配制过程中主药含量不均匀？

操作工序三　灌封（内包装）

一、准备工作

（一）生产人员

本工序生产人员应提前学习与本工序相关的技术文件，掌握本工序的操作要点。

生产人员的素质要求及进入洁净区的程序参见操作工序一。

（二）生产环境

本工序生产环境的要求按 GMP（2010 年版）有关 D 级洁净区的规定执行，具体参见操作工序一。

（三）生产文件

1．软膏剂灌封岗位操作法

2．软膏剂灌封设备标准操作规程

3．洁净区操作间清洁标准操作规程

4．软膏剂机清洁标准操作规程

5．灌封生产前确认记录

6．灌封生产操作记录

（四）生产用物料

按生产指令单中所列的物料，从上一工序或物料间领取物料备用。

（五）设施、设备

（1）检查操作间、工具、容器和设备等是否有清场合格标识，并核对是否在有效期内。否则按清场标准程序进行清场并经 QA 人员检查合格后，填写“清场合格证”，方可进入下一步操作。

（2）根据要求选择适宜的软膏剂灌封设备——自动灌装封尾机（图 1-3），设备要有“合格”标牌、“已清洁”标牌，并对设备状况进行检查，确认设备正常方可使用。

图 1-3 自动灌装封尾机

（3）检查水、电、气供应正常。

（4）检查储油箱的液位不超过视镜的 2/3，润滑油涂抹阀杆和导轴。

（5）用 75%乙醇溶液对贮料罐、喷头、活塞和连接管等进行消毒后，按从下到上的顺序安装。安装计量泵时方向要准确、扭紧，紧固螺母时用力要适宜。

（6）检查抛管机械手是否安装到位。

（7）手动调试二至三圈，保证安装、调试到位。

（8）检查铝管，表面应平滑光洁，印刷内容清晰完整，光标位置正确，铝管内无异物，管帽与管嘴配合；检查合格后装机。

（9）装上批号板，点动灌封机，观察灌封机运转是否正常；检查密封性、光标位置和批号。

（10）按生产指令单称取物料，复核各物料的品名、规格、数量。

（11）挂贴本次运行状态标识，进入操作。

二、生产过程

（一）生产操作

（1）操作人员戴好口罩和一次性手套。

（2）加料，将料液加满贮料罐，盖上盖子。生产中当贮料罐内料液不足贮料灌总容积的 1/3 时，必须进行加料。

（3）灌封操作，开启灌封机总电源开关；设定每小时产量、是否注药等参数，按动“送管”按钮开始进空管，通过点动设定装量，合格并确认设备无异常后，正常开机。每隔 10min 检查一次密封口、批号和装量。

（二）质量控制要点

（1）密封性：随机取灌封后的产品，用手轻轻按压，应无漏气现象。

（2）软管外观：随机取灌封后的产品，在灯检台下检视应均匀、光滑。

（3）装量：按最低装量检查法，取 5 个本工序产品，除去外盖，分别精密称定重量，除去内容物，再分别精密称定空容器的重量，求出每个容器内容物的装量与平均装量，均应符合表 1-1 的规定。如果有 1 个装量不符合规定，则另取 5 个产品复试，应全部符合规定。

三、清洁清场

（1）按清场程序和设备清洁规程清理工作现场、工具、容器具和设备，并请 QA 人员检查，合格后发给清场合格证。

（2）撤掉运行状态标识，挂清场合格标识。

（3）暂停连续生产的同一品种时要将设备清理干净，按清洁程序清理现场。

（4）及时填写“批生产记录”“设备运行记录”“交接班记录”等。

（5）关好水、电开关及门，按进入程序的相反程序退出。

知识链接

复合软管

一、软管的分类

软管通常用作膏状或糊状物的小包装，如药用软膏剂、牙膏、鞋油、颜料和化妆品等。软管最早使用铝或锡制成，20 世纪 40 年代出现了铝管，50 年代出现了塑料管，60 年代复合软管由 ACC（American Can Company）开发成功，并进入药用软膏剂包装市场。根据制管材质的不同，软管可分为塑料软管（如 PE 软管、PP 软管）、金属软管（如铝软管、铝锡合金软管、铅上铸锡合金软管、铅软管）和复合软管（图 1-4）（全塑复合软管、铝塑复合软管）等三类。

二、复合软管的分类及特点

所谓铝塑复合软管就是将具有高阻隔性的铝箔与具有柔韧性和耐药性的塑料经挤出复合成片材，然后经制管机加工而成。

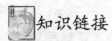

图 1-4　复合软管

1．复合软管的分类

按印刷方式分，复合软管分为表印软管（印刷油墨附着于复合片材外侧）和里印软管（印刷油墨附着于复合片材外侧 PE 膜的内侧或 PE 膜与铝箔之间的某一层）。

按材质分，复合软管分为纸铝塑复合软管和铝塑复合软管。

2．复合软管的特点

（1）抗绕曲、抗龟裂。在使用过程中经反复挤压不会产生管体开裂等问题。

（2）阻隔性强。由于软管复合层中含有铝箔，可有效隔绝氧气、水蒸气、光线等，保护内容物。

（3）无溶剂残留的影响，复合过程中不使用有机溶剂。采用表面印刷时使用紫外固化油墨，也没有溶剂。采用凹版里印时虽然使用少量有机溶剂，但由于铝箔的阻隔，不可能对内容物产生影响。

（4）印刷精美，颜色丰富，可多达 12 种，其黏结力、色泽和耐磨性等优点是其他材质软管所不可比的。

（5）防伪作用强。铝塑复合软管的生产设备投资大，特别是可采用防伪油墨进行印刷，可有效防止假冒。

三、复合软管的应用

铝塑复合软管内外侧 PE 膜常温下不溶于一般溶剂，有良好的耐酸、耐碱、耐盐和耐其他化学药品的性能以及优良的耐低温性和耐辐射性，所以适用范围非常广泛。当然，对制药企业来说，在选用前要进行稳定性试验、相容性试验等必要的测试，以验证其效果。

在医药行业，由于复合软管的优势，已出现药品软膏剂包装由铝管转向铝塑复合软管的趋势。

想一想

1．灌封过程中应控制哪些工艺参数？

2．怎样才能正确、安全操作软膏灌封机？

练一练

1．软膏剂是__________与__________混合均匀制成的半固体制剂。

2．软膏剂的分散系统可分为__________、__________与__________。

操作工序四 外 包 装

一、准备工作

（一）生产人员

本工序生产人员应提前学习与本工序相关的技术文件，掌握本工序的操作要点。

生产人员按一般生产区更衣标准操作规程进行更衣，进入外包装间。

（二）生产环境

1．环境总体要求

生产环境应保持整洁，门窗玻璃、墙面和顶棚应洁净完好，设备、管道、管线排列整齐并包扎光洁，无跑、冒、滴、漏现象发生，且符合相关清洁要求。检查确认生产现场无上次生产的遗留物。

2．环境灯光

环境灯光亮度能看清管道标识和压力表以及房间设备死角，灯罩应密封完好。

3．电源

电源应设置在操作间外，应有防漏电保护装置，确保安全生产。

4．地面

地面应铺设防滑地砖或防滑地坪，无污物、无积水。

（三）生产文件

1．批包装指令

2．物料进出一般生产区洁净消毒规程

3．外包装岗位标准操作规程

4．打码机标准操作规程

5．外包装生产记录

6．外包装岗位清场标准操作规程

7．外包装子项目清场检查记录

（四）生产用物料

原辅料、包装材料及标签说明书。

（五）设施、设备

PYT-300 纸盒钢印打码机（图 1-5）、高台自动打包机（图 1-6）等。

图 1-5　PYT-300　纸盒钢印打码机

图 1-6　高台自动打包机

钢印打码机又可以称为压痕印字机，可以在纸张、薄纸板及非吸收性材料、塑料薄膜和铝箔上钢印或墨轮打码。

高台自动打包机造型美观大方，操作维修方便，具有良好的刚性和稳定性，安全节能，设备基础工程投资费用低等特点。

二、生产过程

（一）生产操作

根据批生产指令单要求以 1 支/小盒、20 小盒/中盒、10 中盒/箱进行外包装。小盒中放一张说明书，箱内放一张合格证。上一批生产结余的零头可与下一批进行拼箱，拼箱外箱上应标明拼箱批号及数量。每批结余量和拼箱情况在批包装记录上显示。放入成品库待检入库。

（1）现场质量监控员抽取外包材样品，交质检部门按成品质量标准的有关规定进行检测。

（2）入库现场质量监控员抽取样品，交质检部门按《中国药典》（2010 年版）软膏散剂项规定进行全项检测，并开具成品检验报告单，合格后方可入库。

（二）质量控制要点

（1）外包装盒的标签、说明书完整、清晰。

（2）外包装盒的批号及内装的袋数准确，无外露。

（3）附凭证：填写入库单及请验单。

三、清洁清场

（1）生产结束时，将本子项目生产出的合格产品的箱数计数，挂上标签，送到指定位置存放。

（2）将生产记录按批生产记录管理制度填写完毕，并交予指定人员保管。

（3）按一般生产区洁净消毒规程对本生产区域进行清场，并有清场记录。

子项目考核标准

油脂性基质软膏剂的制备考核标准见表 1-4。

表 1-4　油脂性基质软膏剂的制备考核标准

序号	考试内容		操作内容	分值	现场考核情况记录	得分
1	洗手更衣		穿洁净工作鞋、衣，顺序合理、动作规范，洗手动作规范	5		
2	操作前检查		温度、相对湿度、静压差、操作间设备和仪器状态标识的检查和记录	10		
3	生产操作	称量	物料的领取；选用和使用称量设备	40		
		配制	配制罐的原理；操作的正确及熟练程度			
		灌封	正确使用灌封机器，控制中间产品质量			
		外包装	数量准确；操作熟练程度			
4	清场		挂待清场状态标识，清除物料，清洁工作间，挂已清场状态标识	10		
5	生产记录		物料记录、温湿度记录和生产过程记录	10		
6	团队协作		组员之间沟通情况；配合和协调情况	10		
7	安全生产		影响安全的行为和因素	10		
8	按时完成生产任务		按时完成生产任务	5		
总分				100		

子项目二　乳膏剂的制备

子项目说明

本子项目在教学过程中，以醋酸氟轻松乳膏（10g:2.5 mg）（图 1-7）为例进行制备过程学习。本药品收载于《中国药典》（2010 年版）二部。

醋酸氟轻松乳膏为白色乳膏，主药醋酸氟轻松为糖皮质激素类药物外用，适用于对糖皮质激素有效的皮肤病，如接触性皮炎、特应性皮炎、脂溢性皮炎、湿疹、皮肤瘙痒症、银屑病、神经性皮炎等瘙痒性和非感染性炎症性皮肤病。

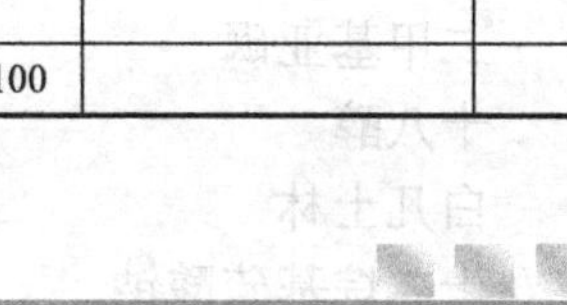

图 1-7　醋酸氟轻松乳膏

子项目教学环节

接受操作指令

醋酸氟轻松乳膏批生产指令单见表 1-5。

表 1-5　醋酸氟轻松乳膏批生产指令单

品　　名	醋酸氟轻松乳膏	规　　格	10g:2.5 mg
批　　号		理论投料量	30 支
采用的工艺规程名称		醋酸氟轻松乳膏工艺规程	
原辅料的批号和理论用量			
序　　号	物料名称	批　　号	理论用量/g
1	醋酸氟轻松		0.075
2	二甲基亚砜		4.5
3	十八醇		27
4	白凡士林		30
5	十二烷基硫酸钠		3
6	液化石蜡		18
7	羟苯乙酯		0.3
8	甘油		15
9	纯化水		加至 300
生产开始日期	年　月　日	生产结束日期	年　月　日
制表人		制表日期	年　月　日
审核人		审核日期	年　月　日

生产处方：

（每支生产处方）

醋酸氟轻松	0.0025g
二甲基亚砜	0.15g
十八醇	0.9g
白凡士林	1g
十二烷基硫酸钠	0.1g
液化石蜡	0.6g
羟苯乙酯	0.01g
甘油	0.5g
纯化水（加至）	10g

查阅操作依据

为更好地完成本子项目，可查阅《醋酸氟轻松乳膏工艺规程》《中国药典》（2010 年版）等与本子项目密切相关的文件资料。

制定操作工序

根据本品种的制备要求制定操作工序如下。

称量→配制（乳化）→灌封（内包装）→外包装

每个工序由准备工作、生产过程、清洁清场等几部分组成。在操作过程中填写乳膏剂的制备操作记录（表 1-6）。

表 1-6 乳膏剂的制备操作记录

<table>
<tr><td>品名</td><td colspan="3">醋酸氟轻松乳膏</td><td colspan="2">规格</td><td colspan="2">10g/支</td><td colspan="2">批号</td><td colspan="2"></td></tr>
<tr><td>操作日期</td><td colspan="3">年 月 日</td><td colspan="2">房间编号</td><td colspan="2">温度 ℃</td><td colspan="2">相对湿度</td><td colspan="2">%</td></tr>
<tr><td>操作步骤</td><td colspan="5">操作要求</td><td colspan="5">操作记录</td><td>操作时间</td></tr>
<tr><td rowspan="3">1. 操作前检查</td><td colspan="5">设备是否完好正常</td><td colspan="5">□是 □否</td><td rowspan="3">时 分~
时 分</td></tr>
<tr><td colspan="5">设备、容器、工具是否清洁</td><td colspan="5">□是 □否</td></tr>
<tr><td colspan="5">计量器具仪表是否校验合格</td><td colspan="5">□是 □否</td></tr>
<tr><td>2. 称量</td><td colspan="5">（1）按生产处方规定，称取各种物料，记录品名、用量
（2）每支生产处方如下：
醋酸氟轻松 0.0025g
二甲基亚砜 0.15g
十八醇 0.9g
白凡士林 1g
十二烷基硫酸钠 0.1g
液化石蜡 0.6g
羟苯乙酯 0.01g
甘油 0.5g
纯化水（加至） 10g</td><td colspan="5">按生产处方规定，称取各种物料，记录如下：
醋酸氟轻松 g
二甲基亚砜 g
十八醇 g
白凡士林 g
十二烷基硫酸钠 g
液化石蜡 g
羟苯乙酯 g
甘油 g
纯化水（加至） g</td><td>时 分~
时 分</td></tr>
<tr><td>3. 配制（乳化）</td><td colspan="5">（1）油相：将称量好的油相物料投入油相罐中，打开蒸气阀门对油相罐进行加热，使内容物达到 80℃，同时开动搅拌
（2）水相：将称量好的水相物料投入水相罐中，打开蒸气阀门对水相罐进行加热，使内容物达到 80℃，同时开动搅拌
（3）开动真空泵，待乳化锅内真空度达到−0.05MPa 时，开启水相阀门，待水相吸进 50%时，关闭水相阀门
（4）开启油相阀门，待油相吸进后关闭油相阀门
（5）开启水相阀门直至水相吸完，关闭水相阀门，停止真空系统
（6）开动乳化头 10min 后停止，开启刮板搅拌器及真空系统，当锅内真空度达−0.05MPa 时，关闭真空系统。开启夹套阀门，在夹套内通冷却水冷却；冷却至 50℃时将用 DMSO（Dimethyl Sulfoxide，二甲基亚砜）溶解的醋酸氟轻松加入
（7）待乳剂制备完毕后，停止刮板搅拌，开启阀门使锅内压力恢复正常，开启压缩空气排出物料至灌装料斗中
（8）将乳化锅夹套内的冷却水放掉</td><td colspan="5">（1）油相：加热温度 ℃；
（2）水相：加热温度 ℃；
（3）乳化锅真空度 MPa；
（4）乳化时间 min；
（5）冷却至 ℃；加入主药</td><td>时 分~
时 分</td></tr>
<tr><td>4. 灌封（内包装）</td><td colspan="5">（1）按灌封岗位 SOP 进行操作，将上道工序的物料进行灌封。
（2）工艺、设备参数：
空复合软管规格为 10g/支；
配套模具规格为 10g/支；
灌装速度：中速
（3）在灌装过程中进行装量差异检查
（4）灌装后进行物料平衡计算，物料平衡限度控制为 98%～100%</td><td colspan="5">（1）工艺、设备参数：
空复合软管规格为 g/支；
配套模具规格为 g/支；
灌装速度：中速
（2）分装数量： 袋
（3）物料平衡：</td><td>时 分~
时 分</td></tr>
<tr><td rowspan="9">5. 装量检查</td><td colspan="10">空管平均重量： g；应填充量 g；实际重量： g</td><td rowspan="9">时 分~
时 分</td></tr>
<tr><td>称量时间</td><td></td><td></td><td></td><td></td><td></td><td></td><td></td><td></td><td></td></tr>
<tr><td>重量/g</td><td></td><td></td><td></td><td></td><td></td><td></td><td></td><td></td><td></td></tr>
<tr><td>称量时间</td><td></td><td></td><td></td><td></td><td></td><td></td><td></td><td></td><td></td></tr>
<tr><td>重量/g</td><td></td><td></td><td></td><td></td><td></td><td></td><td></td><td></td><td></td></tr>
<tr><td>称量时间</td><td></td><td></td><td></td><td></td><td></td><td></td><td></td><td></td><td></td></tr>
<tr><td>重量/g</td><td></td><td></td><td></td><td></td><td></td><td></td><td></td><td></td><td></td></tr>
<tr><td>称量时间</td><td></td><td></td><td></td><td></td><td></td><td></td><td></td><td></td><td></td></tr>
<tr><td>重量/g</td><td></td><td></td><td></td><td></td><td></td><td></td><td></td><td></td><td></td></tr>
</table>

（续）

品名	醋酸氟轻松乳膏	规格	10g/支	批号	
操作日期	年 月 日	房间编号		温度 ℃	相对湿度 %
操作步骤	操作要求		操作记录		操作时间
6. 外包装	（1）装小盒：每小盒内装 1 支软膏，放 1 张产品说明书 （2）装中盒：每 20 小盒为 1 中盒，封口 （3）装箱：将封好的中盒装置于已封底的纸箱内，每 10 中盒为 1 箱，然后用封箱胶带封箱，打包带（2 条/箱）		（1）装小盒：每小盒内装 支软膏，放 张产品说明书 （2）装中盒：每 小盒为 1 中盒，封口 （3）装箱：将封好的中盒装置于已封底的纸箱内，每 中盒为 1 箱，然后用封箱胶带封箱，打包带（ 条/箱）		时 分～ 时 分
7. 清场	（1）生产结束后将物料全部清理，并定置放置 （2）撤除本批生产状态标识 （3）使用过的设备、容器及工具应清洁、无异物并实行定置管理 （4）设备内外，尤其是接触药品的部位要清洁，做到无油污，无异物 （5）地面、墙壁应清洁，门窗及附属设备无积灰，无异物 （6）不留本批产品的生产记录及本批生产指令单书面文件		QA 人员检查确认 □合格 □不合格		时 分～ 时 分
备注					
操作人		复核人		QA 人员	

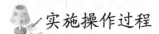

确定工艺参数（请学生在进行操作前确定下列关键工艺参数）

（1）油相加热温度：________℃。

（2）搅拌速度：________r/min。

（3）搅拌时间：________min。

（4）冷却至________℃时加入醋酸氟轻松。

（5）冷却至________℃时进行灌装。

（6）包装规格：________g/支。

实施操作过程

操作工序一 称 量

一、准备工作

本子项目中按照生产指令要求准备醋酸氟轻松、二甲基亚砜、十八醇、白凡士林、十二烷基硫酸钠、液化石蜡、羟苯乙酯和甘油等物料，其他具体要求参见本项目中子项目一 操作工序一。

二、生产过程

（一）生产操作

（1）根据批生产指令单填写领料单，从备料间领取醋酸氟轻松、二甲基亚砜、十八醇、白凡士林、十二烷基硫酸钠、液化石蜡、羟苯乙酯和甘油等物料，并核对品名、批号、规

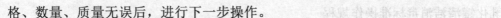

格、数量、质量无误后，进行下一步操作。

（2）按批生产指令单、《XK3190-A12E 台秤标准操作规程》进行称量。

（3）完成称量任务后，按《XK3190-A12E 台秤标准操作规程》关停电子秤。

（4）将所称量物料装入洁净的容器中，转入下一工序，并按批生产记录管理制度及时填写生产记录。

（5）将配料所剩的尾料收集，标明状态，交中间站，并填写好生产记录。

（6）如有异常情况，应及时报告管理人员，并按规定程序进行处理。

（二）质量控制要点

（1）物料标识应符合 GMP 要求。

（2）性状应符合药品标准规定。

（3）应有检验合格报告单。

（4）核对数量准确。

三、清洁清场

（1）将物料用干净的不锈钢桶盛放，密封，容器内外均附上状态标识，备用。转入下道工序。

（2）按 D 级洁净区清洁消毒程序清理工作现场、工具、容器具和设备，并请 QA 人员检查，合格后发给《清场合格证》，将《清洁合格证》挂贴于操作室门上，作为后续产品开工凭证。

（3）撤掉运行状态标识，挂清场合格标识，按清洁程序清理现场。

（4）及时填写“批生产记录”“设备运行记录”“交接班记录”等，并复核、检查记录是否有漏记或错记现象，复核中间产品检验结果是否在规定范围内；检查记录中各项是否有偏差发生，如果发生偏差则按《生产过程偏差处理规程》操作。

（5）关好水、电开关及门，按进入程序的相反程序退出。

操作工序二 配制（乳化）

一、准备工作

（一）生产人员

本工序生产人员应提前学习与本工序相关的技术文件，主要是掌握有关乳化方面的知识，掌握本工序的设备操作要领。

生产人员的素质要求及进入洁净区的程序参见本项目中子项目一操作工序一。

（二）生产环境

本工序生产环境的要求按 GMP（2010 年版）有关 D 级洁净区的规定执行，具体参见本项目中子项目一操作工序一。

（三）生产文件

1．批生产指令单

2．乳化岗位标准操作规程

3．乳化罐标准操作规程

4．乳化罐清洁消毒标准操作规程

5．乳化岗位清场标准操作规程

6．乳化岗位生产前确认记录

7．乳化工序操作记录

（四）生产用物料

本工序生产用物料为称量工序中按生产指令要求称量后的醋酸氟轻松、二甲基亚砜、十八醇、白凡士林、十二烷基硫酸钠、液化石蜡、羟苯乙酯和甘油等物料，操作人员到中间站或称量工序领取，领取过程按规定办理物料交接手续。

（五）设施、设备

（1）检查操作间、工具、容器和设备等是否有清场合格标识，并核对是否在有效期内。否则按清场标准程序进行清场并经 QA 人员检查合格后，填写“清场合格证”，方可进入下一步操作。

（2）根据要求选择适宜的软膏剂乳化设备，主要是真空乳化搅拌机（图 1-8），设备要有“合格”标牌，“已清洁”标牌，并对设备状况进行检查，确认设备正常，方可使用。

图 1-8 所示的 TZG 系列真空乳化搅拌机主要由预处理锅、主锅、真空泵、液压与电气控制系统等组成。水锅与油锅的物料经充分溶解后被真空吸入主锅进行混合、均质乳化。

（3）检查水、电供应正常，开启纯化水阀放水 10min。

（4）检查乳化容器、用具是否清洁干燥，必要时用 75%乙醇溶液对乳化罐、油相罐、乳化容器和用具进行消毒。

图 1-8　TZG 系列真空乳化搅拌机

（5）根据批生产指令单填写领料单，从备料称量间领取原、辅料，并核对品名、批号、规格、数量和质量无误后，进行下一步操作。

（6）操作前检查加热、搅拌、真空是否正常，关闭油相罐、乳化罐底部阀门，打开真空泵冷却水阀门。

（7）挂本次运行状态标识，进入乳化操作。

二、生产过程

（一）生产操作

（1）检查真空均质乳化机进料口上的过滤器的过滤网是否完好。

（2）检查所有电动机是否运转正常，并关闭所有阀门。

（3）将水相、油相物料经称量分别投入水相锅和油相锅，开始加热。待加热快完成时开动搅拌器，使物料混合均匀。

（4）开动真空泵，待乳化锅内真空度达到–0.05MPa 时，开启水相阀门，待水相吸进 50%时，关闭水相阀门。

（5）开启油相阀门，待油相吸进后关闭油相阀门。

（6）开启水相阀门直至水相吸完，关闭水相阀门，停止真空系统。

(7)开动乳化头 10min 后停止，开启刮板搅拌器及真空系统，当锅内真空度达–0.05MPa 时，关闭真空系统。开启夹套阀门，在夹套内通冷却水冷却。

（8）待乳剂制备完毕后，停止刮板的搅拌，开启阀门使锅内压力恢复正常，开启压缩空气排出物料。

（9）将乳化锅夹套内的冷却水放掉。

（二）质量控制要点

（1）性状为白色乳膏。

（2）粒度：在涂于皮肤时感觉细腻，无颗粒。

三、清洁清场

1．油相罐的清洁

（1）取下油相罐的盖子，送清洗间用纯化水刷洗干净。

（2）往油相罐加入 1/3 罐容积的热水，浸泡、搅拌、冲洗 5min，排除污水，再加入适量的热水和洗洁精，用毛刷从上到下清洗罐壁及搅拌浆、温度探头等处（尤其注意罐底放料口的清洗），直至无可见残留物为止。

（3）将不锈钢连接管拆下，把两端带长绳子的小毛刷塞入管中，用水冲到另一端，两人分别在管的两端拉住绳子，加入热水和洗洁精，来回拉动绳子刷洗管内壁，然后倒出污水后再加入纯化水重复操作 2 次直至排水澄清，无异物。

（4）分别用纯化水淋洗油相罐、不锈钢连接管 2 次。

（5）用 75%乙醇溶液仔细擦拭油相罐内部和罐盖，消毒后将油相罐盖好。

（6）用毛巾将油相罐外部从上到下仔细擦洗，尤其注意阀门及相连接的电线套管、水管等处死角，毛巾应单向擦拭，并每擦约 1m^2 清洗一次。

2．乳化罐的清洁

（1）将乳化罐顶部油相过滤器和真空过滤器打开取下，放工具车上送洗涤间，用热水清洗至无可见残留物。

（2）将罐内加入足量热水（水面高出乳化头 10cm)，放下罐顶，开动搅拌、乳化 5min，排出污水，重复操作 1 次。罐内加入适量热水和洗洁精，用毛刷刷洗罐盖、罐壁、搅拌器和乳化头 2～3 遍，排出污水，再用纯化水冲洗约 10min 直至无可见异物。

（3）用纯化水淋洗油相过滤器、真空过滤器及乳化罐 2 次。

（4）用 75%乙醇溶液擦拭罐内表面、罐盖和搅拌进行消毒。

（5）用毛巾将乳化罐外部、底板及电控柜从上到下仔细擦洗干净，注意擦净罐底部的阀门及相连接电线套管、水管等处死角。毛巾应单向擦拭，并每擦约 1m^2 清洗一次。

（6）安装好乳化罐顶部的油相过滤器和真空过滤器。

（7）在连续生产时每周至少一次在生产间隔时用 5%甲酚皂或 0.2%新洁尔灭擦拭设备底部和电控柜。

（8）清洁后关好开关和各处进水的阀门。

（9）每批生产结束后按上述清洁方法进行清洁。

（10）清洁有效期为 7 天，如果超过有效期，需按上述清洁方法重新进行清洁。

3．操作间的清洁

按《操作间清洁标准操作规程》对场地、设备、用具和容器进行清洁消毒，经 QA 人员检查合格，发“清场合格证”。

想一想

1．在操作过程中，怎样才能确保乳化完全？

2．乳膏剂的主药加入方法有哪些？

操作工序三　灌封（内包装）

本工序要求按灌封岗位 SOP 进行操作，将上道工序生产的物料进行灌封，具体工艺参数设置如下：

（1）空复合软管规格为 10g/支。

（2）配套模具规格为 10g/支。

（3）灌装速度：中速。

（4）在灌装过程中进行装量差异检查。

（5）灌装后进行物料平衡计算，物料平衡限度控制为 98%～100%。

其他要求可参见本项目中子项目一操作工序三。

知识链接

软膏剂的基质

基质（bases）是软膏剂形成和发挥药效的重要组成部分，理想的基质应符合下列要求：①润滑无刺激，稠度适宜，易于涂布；②性质稳定，与主药不发生配伍变化；③具有吸水性，能吸收伤口分泌物；④不妨碍皮肤的正常功能，具有良好的释药性能；⑤易洗除，不污染衣服；⑥有良好的释药性能。

在实际应用中，一种基质几乎不能同时满足上述所有要求，往往采用几种基质或添加附加剂等手段，来保证制剂的质量或临床要求。具体应用时应根据不同基质的性质、软膏剂的特点、附加剂的使用目的及性质等因素综合进行选择。常用的基质分为油脂性基质、乳剂型基质及亲水或水溶性基质三大类。

一、油脂性基质

油脂性基质主要包括动植物油脂、类脂、烃类以及硅酮类等疏水性物质。主要用于制备遇水不稳定的药物软膏剂，一般不单独使用。为了克服其疏水性常加入表面活性剂或制成乳剂型基质来应用。

1．烃类

系指从石油中蒸馏得到的各种烃的混合物，其中大部分属于饱和烃。

（1）凡士林（vaselin）　凡士林又称软石蜡（soft paraffin），是由多种相对分子质量烃类组成的半固体状物，有黄白两种，熔程为 38～60℃，化学性质稳定，无刺激性，特别适用于遇水不稳定的药物。

水溶性药物与凡士林配合时还可加适量表面活性剂，如非离子型表面活性剂聚山梨酯类于基质中，以增加其亲水性。凡士林中加入适量羊毛脂、胆固醇或某些高级醇类可提高其吸水性能。

（2）石蜡（paraffin）与液状石蜡（liquid paraffin）　石蜡为固体饱和烃混合物，熔程为 50～65℃。液化石蜡为液体饱和烃，与凡士林同类，最宜用于调节凡士林基质的稠度，也可用于其他类型基质的油相。

2．类脂类

系指高级脂肪酸与高级脂肪醇化合而成的酯及其混合物，有类似脂肪的物理性质，但化学性质较脂肪稳定，且具有一定的表面活性作用而有一定的吸水性能，多与油脂类基质合用。常用的有羊毛脂，蜂蜡，鲸蜡等。

（1）羊毛脂（wool fat）　一般是指无水羊毛脂（wool fat anhydrous），为淡黄色粘稠微具特臭的半固体，主要成分是胆固醇类的棕榈酸酯及游离的胆固醇类，熔程为 36 ~ 42℃。吸收 30% 水分的羊毛脂，称为含水羊毛脂，可以改善粘稠度。羊毛脂可吸收二倍的水而成乳剂型基质。由于本品粘性太大而很少单用做基质，常与凡士林合用，以改善凡士林的吸水性与渗透性。

（2）蜂蜡（beeswax）与鲸蜡（spermaceti）　蜂蜡主要成分为棕榈酸蜂蜡醇酯，熔程为 62～67℃；鲸蜡主要成分为棕榈酸鲸蜡醇酯，熔程为 42～50℃。蜂蜡和鲸蜡均含有少量游离高级脂肪醇而具有一定的表面活性作用，属较弱的 W/O 型乳化剂，在 O/W 型乳剂型中起稳定作用。蜂蜡与石蜡均不易酸败，常用来取代乳剂型基质中部分脂肪性物质以调节稠度或增加稳定性。

（3）二甲基硅油（dimethicone）　或称硅油或硅酮（silicones），是一系列不同分子量的聚二甲硅氧烷的总称。本品为一种无色或淡黄色的透明油状液体，无臭，无味，粘度随分子量的增加而增大，在非极性溶剂中易溶，随粘度增大，溶解度逐渐降低。最大的特点是在应用温度范围内（-40～150℃）粘度变化极小；对大多数化合物稳定，但在强酸强碱中降解；具有优良的疏水性和较小的表面张力，有很好的润滑作用且易于涂布，对皮肤无刺激。常用于乳膏中作润滑剂。

二、乳剂型基质

乳剂型基质是将固体的油相加热熔化后与水相混合，在乳化剂的作用下进行乳化，最后在室温下成为半固体基质。遇水不稳定的药物不宜用乳剂型基质制备软膏。常用的油相固体有硬脂酸、石蜡、蜂蜡、高级醇（如十八醇）等。稠度调节剂有液状石蜡、凡士林或植物油等。乳剂型基质的类型有水包油（O/W）型和油包水（W/O）型。O/W 型基质的保湿剂有甘油、丙二醇、山梨醇等，用量为 5%～20%。

乳剂型基质常用的乳化剂有如下类型：

1．皂类

（1）一价皂　常为一价金属离子钠、钾、铵的氢氧化物、硼酸盐或三乙醇胺、三异丙胺等有机碱与脂肪酸（如硬脂酸或油酸）作用生成新生皂，HLB15～18，降低水相的表面张力强于降低油相的表面张力，易形成 O/W 基质，但油相过多时可转为 W/O 基质。一价皂的乳化能力随脂肪酸中碳原子数 12 到 18 而递增，但在 18 以上乳化能力又降低。新生皂作乳化剂形成的基质应避免用于酸、碱类药物制备的软膏，特别是忌与含钙、镁离子的药物配方。

含有机铵皂的乳剂型基质：

【处方】

硬脂酸　　　　100g

蓖麻油（调节稠度）	100g
液化石蜡（调节稠度）	100g
三乙醇胺	8g
甘油（保湿剂）	40g
羟苯乙酯（防腐剂）	0.8g
纯化水	452g

（2）多价皂　系由二、三价金属离子钙、镁、铝的氧化物与脂肪酸作用生成多价皂，HLB<6，形成 W/O 基质。多价皂在水中解离度小，亲水基的亲水性小于一价皂，其亲油性强于亲水性。多价皂形成的 W/O 基质比一价皂形成的 O/W 基质稳定。

含有多价皂的乳剂型基质：

【处方】

硬脂酸	12.5g
单硬脂酸甘油酯	17g
蜂蜡	5g
地蜡	75g
液化石蜡（调节稠度）	410g
白凡士林	67g
双硬脂酸铝（乳化剂）	10g
氢氧化钙	1g
羟苯丙酯（防腐剂）	1.0g
纯化水	401.5g

2．脂肪醇硫酸（酯）钠类

常用的有十二烷基硫酸（酯）钠（sodium lauryl sulfate），是阴离子表面活性剂，常用量为 0.5%～2%。常与其他 W/O 型乳化剂（如十六醇或十八醇、硬脂酸甘油酯、脂肪酸山梨坦类等）合用。本品与阳离子表面活性剂作用形成沉淀并失效，加入 1.5%～2%氯化钠使之丧失乳化作用，适宜 pH6～7，不应小于 4 或大于 8。

含有十二烷基硫酸钠的乳剂型基质：

【处方】

硬脂醇（油相，辅助乳化）	220g
十二烷基硫酸钠（乳化剂）	15g
白凡士林（油相）	250g
羟苯甲酯（防腐剂）	0.25g
羟苯丙酯（防腐剂）	1.0g
丙二醇（保湿剂）	120g
纯化水加至	1000g

3．高级脂肪酸及多元醇酯类

（1）十六醇及十八醇　十六醇，即鲸蜡醇（cetylalcohol），熔点 45～50℃；十八醇即硬脂醇（stearyl alcohol），熔点 56～60℃，均不溶于水，但有一定的吸水能力，吸水后可形成 W/O 型乳剂型基质的油相，可增加乳剂的稳定性和稠度。新生皂为乳化剂的乳剂基质，用十六醇和十八醇取代部分硬脂酸形成的基质则较细腻光亮。

（2）硬脂酸甘油酯（glyceryl monostearate） 即单、双硬脂酸的混合物，不溶于水，溶于热乙醇及乳剂型基质的油相中。本品分子的甘油基上有羟基存在，有一定的亲水性，但十八碳链的亲油性强于羟基的亲水性，是一种较弱的 W/O 型乳化剂，与较强的 O/W 型乳化剂合用时，制得的乳剂型基质稳定，且产品细腻润滑，用量为 15%左右。

含硬脂酸甘油酯的乳剂型基质：

【处方】

硬脂酸甘油酯（油相）	35g
硬脂酸	120g
白凡士林（油相）	10g
羊毛脂（油相）	50g
三乙醇胺	4ml
羟苯乙酯	1g
纯化水加至	1000g

【制法】将油相成分（即硬脂酸甘油酯、硬脂酸、液状石蜡，凡士林和羊毛脂）与水相成分（三乙醇胺、羟苯乙酯溶于纯化水中）分别加热至 80℃，将熔融的油相加入水相中，搅拌，制成 O/W 型乳剂基质。

（3）脂肪酸山梨坦与聚山梨酯类 非离子型表面活性剂脂肪酸山梨坦，即司盘类，HLB 值在 4.3～8.6 之间，为 W/O 型乳化剂；聚山梨酯，即吐温类，HLB 值在 10.5～16.7 之间，为 O/W 型乳化剂。各种非离子型乳化剂均可单独制成乳剂型基质，但为调节 HLB 值而常与其他乳化剂合用。非离子型表面活性剂无毒性，中性，对热稳定，对粘膜与皮肤比离子型乳化剂刺激小，并能与酸性盐、电解质配伍，但与碱类、重金属盐、酚类及鞣质均有配伍变化。聚山梨酯类能严重抑制一些消毒剂、防腐剂的效能，如与羟苯酯类、季铵盐类、苯甲酸等络合而使之部分失活。但可适当增加防腐剂用量予以克服。非离子型表面活性剂为乳化剂的基质中，可用的防腐剂有山梨酸、洗必泰碘、氯甲酚等，用量约 0.2%。

含聚山梨酯类的乳剂型基：

【处方】

硬脂酸	60g
聚山梨酯 80	44g
油酸山梨坦	16g
硬脂醇（增稠剂）	60g
液状石蜡	90g
白凡士林	60g
甘油	100g
山梨酸	2g
纯化水加至	1000g

【制法】将油相成分（硬脂酸、油酸山梨坦、硬脂醇、液状石蜡及白凡士林）与水相成分（聚山梨酯 80、甘油、山梨酸及水）分别加热至 80℃，将油相加入水相中，边加边搅拌至冷凝成乳剂型基质。

【注解】处方中聚山梨酯 80 为主要乳化剂（O/W 型），油酸山梨坦（span80）为反型乳化剂（W/O 型），以调节适宜的 HLB 值而形成稳定的乳剂基质。硬脂醇为增稠剂，制

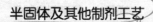

得的乳剂型基质光亮细腻，也可用单硬脂酸甘油酯代替得到同样效果。

含油酸山梨坦为主要乳化剂的乳化型基质：

【处方】

单硬脂酸甘油酯	120g
蜂蜡	50g
石蜡	50g
白凡士林	50g
液状石蜡	250g
油酸山梨坦	20g
聚山梨酯 80	10g
羟苯乙酯	1g
纯化水加至	1000g

【制法】将油相成分（单硬脂酸甘油酯、蜂蜡、石蜡、白凡士林、液状石蜡和油酸山梨坦）与水相成分（聚山梨酯 80、羟苯乙酯和纯化水）分别加热至 80℃，将水相加入到油相中，边加边搅拌至冷凝即可得到。

【注解】处方中油酸山梨坦与硬脂酸甘油酯同为主要乳化剂，形成 W/O 型乳剂型基质，聚山梨酯 80 用以调节适宜的 HLB 值，起稳定作用。单硬脂酸甘油酯、蜂蜡、石蜡均为固体，有增稠作用，单硬脂酸甘油酯用量大，制得的乳膏光亮细腻且本身为 W/O 型乳化剂。蜂蜡中含有蜂蜡醇也能起较弱的乳化作用。

4. 聚氧乙烯醚的衍生物类

（1）平平加 O（perrgal O） 即十八（烯）醇聚乙二醇-800 醚为主要成分的混合物，为非离子型表面活性剂，其 HLB 值为 15.9，属 O/W 型乳化剂。但单用本品不能制成乳剂型基质，为提高其乳化效率，增加基质稳定性，可用不同辅助乳化剂，按不同配比制成乳剂型基质。

含平平加 O 的乳化型基质：

【处方】

平平加 O	25～40g
十六醇	50～120g
凡士林	125g
液状石蜡	125g
甘油	50g
羟苯乙酯	1g
纯化水加至	1000g

【制法】将油相成分（十六醇，液状石蜡及凡士林）与水相成分（平平加 O，甘油，羟苯乙酯及纯化水）分别加热至 80℃，将油相加入水相中，边加热边搅拌至室温，即得。

【注解】其他平平加类乳化剂经适当配合也可制成优良的乳剂型基质，如平平加 A-20 及乳化剂 SE-10（聚氧乙烯 10 山梨醇）和柔软剂 SG（硬脂酸聚氧乙烯酯）等配合制得较好的乳剂型基质。

（2）乳化剂 OP 以聚氧乙烯（20）月桂醚为主的烷基聚氧乙烯醚的混合物，亦为非离子 O/W 型乳化剂，HLB 值为 14.5，可溶于水，1%水溶液的 pH 值为 5.7，对皮肤无刺激性，常与其他乳化剂合用。本品耐酸、碱、还原剂及氧化剂，性质稳定，用量一般为油相重量的 5%～10%。本品不宜与羟基类化合物，如苯酚、间苯二酚、麝香草酚和水杨酸等配伍，以免形成络合物，破坏乳剂型基质。

含乳化剂 OP 的乳剂型基质：

【处方】

硬脂酸	114g
蓖麻油	100g
液化石蜡	114g
三乙醇胺	8ml
乳化剂 OP	3ml
羟苯乙酯	1g
甘油	160ml
纯化水	500ml

【制法】将油相（硬脂酸、蓖麻油和液状石蜡）与水相（甘油、乳化剂 OP、三乙醇胺及纯化水）分别加热至 80℃，将油，水两相逐渐混合。搅拌至冷凝，即得 O/W 型乳剂型基质。

三、水溶性基质

水溶性基质是由天然或合成的水溶性高分子物质所组成，溶解后形成水凝胶，如 CMC-Na 属凝胶基质。目前常见的水溶性基质主要是合成的 PEG 类高分子物，以其不同分子量配合而成。聚乙二醇（polyethyleneglycol, PEG）是用环氧乙烷与水或乙二醇逐步加成聚合得到的水溶性聚醚，分子式为 $HOCH_2(CHOHCH_2)nCH_2OH$。药剂中常用的 PEG 平均分子量在 300～6000。PEG700 下均是液体，PEG1000、1500 及 1540 是半固体，PEG2000～6000 是固体。固体 PEG 与液体 PEG 适当比例混合可得半固体的软膏基质，且常用，可随时调节稠度。此类基质易溶于水，能与渗出液混合且易洗除，能耐高温不易霉败。但由于其较强的吸水性，用于皮肤常有刺激感，久用可引起皮肤脱水且有干燥感，不宜用于遇水不稳定的药物的软膏剂，对季胺盐类，山梨糖醇及羟苯酯类等有配伍变化。

含聚乙二醇的水溶性基质：

【处方】

聚乙二醇 3350	400g
聚乙二醇 400	600g

【制法】将两种聚乙二醇混合后，在水浴上加热至 65℃搅拌至冷凝，即得。若需较硬基质，则可取等量混合后制备。若药物为水溶液（6%～25%的量），则可用 30～50g 硬脂酸取代同重聚乙二醇 3350，以调节稠度。

操作工序四　外　包　装

本工序要求按如下工艺参数进行操作。

（1）装小盒　每小盒内装 1 支软膏，放 1 张产品说明书。

（2）装中盒　每 20 小盒为 1 中盒，封口。

（3）装箱　将封好的中盒装置于已封底的纸箱内，每 10 中盒为 1 箱，然后用封箱胶带封箱，打包带（2 条/箱）。

其他要求可参见本项目中子项目一操作工序四。

子项目考核标准

乳膏剂的制备考核标准见表 1-7。

表 1-7 乳膏剂的制备考核标准

序号	考试内容		操作内容	分值	现场考核情况记录	得分
1	洗手更衣		穿洁净工作鞋、衣顺序合理、动作规范，洗手动作规范	5		
2	操作前检查		温度、相对湿度、静压差、操作间设备、仪器状态标志检查和记录	10		
3	生产操作	称量	物料的领取；选用和使用称量设备	40		
		乳化	真空乳化搅拌机的原理；乳化操作的正确及熟练程度；乳化结果			
		灌封	灌封机器正确使用；中间产品质量控制			
		外包装	数量准确；操作熟练程度			
4	清场		挂待清场状态标识；清除物料；清洁工作间；挂已清场状态标识	10		
5	生产记录		物料记录、温湿度记录和生产过程记录	10		
6	团队协作		组员之间沟通情况；配合和协调情况	10		
7	安全生产		影响安全的行为和因素	10		
8	按时完成生产任务		按时完成生产任务	5		
			总分	100		

子项目三 水溶性基质软膏剂的制备

子项目说明

本子项目在教学过程中以复方十一烯酸锌软膏（10g/支）（图 1-9）为例进行制备过程学习。本药品收载于《中国药典》（2012 年版）二部。

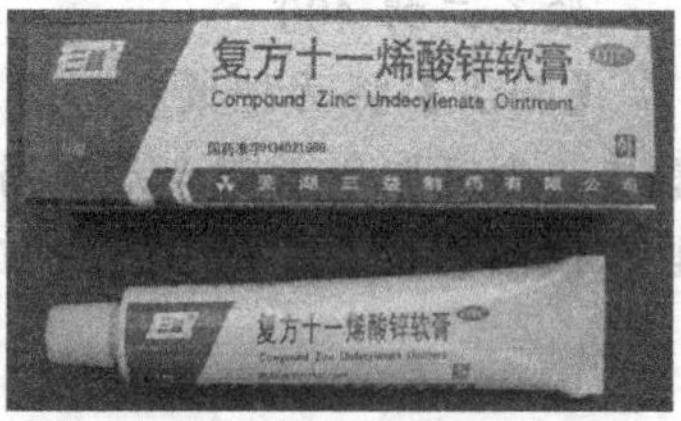

图 1-9 复方十一烯酸锌软膏

复方十一烯酸锌软膏为复方制剂，含主要成分十一烯酸锌 0.2g/g，十一烯酸 0.05g/g。本品系抗真菌药，其作用机制是抑制真菌的生长繁殖。本品为皮肤科用药类非处方药品，用于手癣、足癣、体癣及股癣。

子项目教学环节

接受操作指令（表 1-8）

复方十一烯酸锌软膏批生产指令单，见表 1-8。

表 1-8　复方十一烯酸锌软膏批生产指令单

品名	复方十一烯酸锌软膏	规格	10g/支
批号		理论投料量	10 支
采用的工艺规程名称		复方十一烯酸锌软膏工艺规程	
原辅料的批号和理论用量			
序号	物料名称	批号	理论用量/g
1	十一烯酸锌		20
2	十一烯酸		5
3	聚乙二醇 3350		30
4	聚乙二醇 400		45
生产开始日期	年　月　日	生产结束日期	年　月　日
制表人		制表日期	年　月　日
审核人		审核日期	年　月　日

生产处方：

（每支处方）

十一烯酸锌	2g
十一烯酸	0.5g
聚乙二醇 3350	3g
聚乙二醇 400	4.5g

查阅操作依据

为更好地完成本子项目，可查阅《复方十一烯酸锌软膏工艺规程》《中国药典》（2010年版）等与本子项目密切相关的文件资料。

制定操作工序

根据本品种的制备要求制定操作工序如下：

称量→配制→灌封（内包装）→外包装

每个工序由准备工作、生产过程、清洁清场等几部分组成。在操作过程中填写水溶性基质软膏剂的制备操作记录（表 1-9）。

表 1-9　水溶性基质软膏剂的制备操作记录

品名	复方十一烯酸锌软膏	规格	10g/支	批号			
操作日期	年　月　日	房间编号		温　度	℃	相对湿度	%

操作步骤	操作要求	操作记录	操作时间
1. 操作前检查	设备是否完好正常	□是　□否	时　分～ 时　分
	设备、容器、工具是否清洁	□是　□否	
	计量器具仪表是否校验合格	□是　□否	
2. 称量	（1）按生产处方规定，称取各种物料，记录品名、用量 （2）每支生产处方如下： 十一烯酸锌　2g 十一烯酸　0.5g 聚乙二醇 3350　3g 聚乙二醇 400　4.5g	按生产处方规定，称取各种物料，记录如下： 十一烯酸锌　g 十一烯酸　g 聚乙二醇 3350　g 聚乙二醇 400　g	时　分～ 时　分

（续）

<table>
<tr><td>品名</td><td colspan="3">复方十一烯酸锌软膏</td><td colspan="2">规格</td><td colspan="2">10g/支</td><td colspan="2">批号</td><td colspan="2"></td></tr>
<tr><td>操作日期</td><td colspan="2">年　月　日</td><td colspan="2">房间编号</td><td></td><td colspan="2">温　度</td><td>℃</td><td colspan="2">相对湿度</td><td>%</td></tr>
<tr><td>操作步骤</td><td colspan="5">操作要求</td><td colspan="5">操作记录</td><td>操作时间</td></tr>
<tr><td>3．配制</td><td colspan="5">（1）制备基质：将称量好的聚乙二醇3350、聚乙二醇400投入到水相罐中开启搅拌，打开蒸气阀门对水相罐进行加热，使内容物达到60℃，停止加热，开启冷凝水，搅拌至冷凝
（2）加入药物：将称量好的十一烯酸锌、十一烯酸在配料桶内混合均匀后加入到上述制备好基质的水相罐中，搅拌均匀
（3）开启压缩空气排出物料至灌装料斗中</td><td colspan="5">（1）制备基质：
基质温度：　℃
（2）加入药物：
加入十一烯酸锌　g
加入十一烯酸　g
搅拌时间　min。
（3）配制后物料总重：　g</td><td>时　分～
时　分</td></tr>
<tr><td>4．灌封
（内包装）</td><td colspan="5">（1）按灌封岗位SOP进行操作，将上工序的物料进行灌封
（2）工艺、设备参数：
空复合软管规格为10g/支；
配套模具规格为10g/支；
灌装速度：中速
（3）在灌装过程中进行装量差异检查
（4）灌装后进行物料平衡计算，物料平衡限度控制为98%～100%</td><td colspan="5">（1）工艺、设备参数：
空复合软管规格为　g/支；
配套模具规格为　g/支；
灌装速度：中速
（2）分装数量：　支
（3）物料平衡：</td><td>时　分～
时　分</td></tr>
<tr><td rowspan="10">5．装量检查</td><td colspan="10">空管平均重量：　g；应填充量　g；实际重量：　g；</td><td rowspan="10">时　分～
时　分</td></tr>
<tr><td>称量时间</td><td></td><td></td><td></td><td></td><td></td><td></td><td></td><td></td><td></td></tr>
<tr><td>重量/g</td><td></td><td></td><td></td><td></td><td></td><td></td><td></td><td></td><td></td></tr>
<tr><td>称量时间</td><td></td><td></td><td></td><td></td><td></td><td></td><td></td><td></td><td></td></tr>
<tr><td>重量/g</td><td></td><td></td><td></td><td></td><td></td><td></td><td></td><td></td><td></td></tr>
<tr><td>称量时间</td><td></td><td></td><td></td><td></td><td></td><td></td><td></td><td></td><td></td></tr>
<tr><td>重量/g</td><td></td><td></td><td></td><td></td><td></td><td></td><td></td><td></td><td></td></tr>
<tr><td>称量时间</td><td></td><td></td><td></td><td></td><td></td><td></td><td></td><td></td><td></td></tr>
<tr><td>重量/g</td><td></td><td></td><td></td><td></td><td></td><td></td><td></td><td></td><td></td></tr>
<tr><td>称量时间</td><td></td><td></td><td></td><td></td><td></td><td></td><td></td><td></td><td></td></tr>
<tr><td>6．外包装</td><td colspan="5">（1）装小盒：每小盒内装1支软膏，放1张产品说明书
（2）装中盒：每20小盒为1中盒，封口
（3）装箱：将封好的中盒装置于已封底的纸箱内，每10中盒为1箱，然后用封箱胶带封箱，打包带（2条/箱）</td><td colspan="5">（1）装小盒：每小盒内装　支软膏，放　张产品说明书
（2）装中盒：每　小盒为1中盒，封口
（3）装箱：将封好的中盒装置于已封底的纸箱内，每　中盒为1箱，然后用封箱胶带封箱，打包带（　条/箱）</td><td>时　分～
时　分</td></tr>
<tr><td>7．清场</td><td colspan="5">（1）生产结束后将物料全部清理，并定置放置
（2）撤除本批生产状态标识
（3）使用过的设备容器及工具应清洁无异物并实行定置管理
（4）设备内外尤其是接触药品的部位要清洁，做到无油污，无异物
（5）地面、墙壁应清洁，门窗及附属设备无积灰，无异物
（6）不留本批产品的生产记录及本批生产指令单书面文件</td><td colspan="5">QA人员检查确认　□合格　□不合格</td><td>时　分～
时　分</td></tr>
<tr><td>备注</td><td colspan="11"></td></tr>
<tr><td>操作人</td><td colspan="3"></td><td colspan="2">复核人</td><td colspan="2"></td><td colspan="2">QA人员</td><td colspan="2"></td></tr>
</table>

确定工艺参数（请学生在进行操作前确定下列关键工艺参数）

（1）配制基质温度：________℃，时间________min。

（2）混合设备的转速：__________r/min。

（3）混合时间：__________min。

（4）包装规格：________g/支。

实施操作过程

操作工序一　称　量

一、准备工作

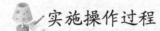

本子项目中按照批生产指令单要求准备十一烯酸锌、十一烯酸、聚乙二醇 3350 和聚乙二醇 400 等物料，其他具体要求参见本项目中子项目一操作工序一。

二、生产过程

（一）生产操作

（1）根据批生产指令单填写领料单，从备料间领取十一烯酸锌、十一烯酸、液化石蜡和黄凡士林等物料，并核对品名、批号、规格、数量和质量无误后，进行下一步操作。

（2）按生产指令单和《XK3190-A12E 台秤标准操作规程》进行称量。

（3）完成称量任务后，按《XK3190-A12E 台秤标准操作规程》关停电子秤。

（4）将所称量物料装入洁净的容器中，转入下一工序，并按批生产记录管理制度及时填写生产记录。

（5）将配料所剩的尾料收集，标明状态，交中间站，并填写好生产记录。

（6）如有异常情况，应及时报告管理人员，并按规定程序进行处理。

（二）质量控制要点

（1）物料标识：符合 GMP 要求。

（2）性状：符合各物料药品标准规定。

（3）检验合格报告单：有检验合格报告单。

（4）数量：核对准确。

三、清洁清场

（1）将物料用干净的不锈钢桶盛放，密封，容器内外均附上状态标识，备用。转入下道工序。

（2）按 D 级洁净区清洁消毒程序清理工作现场、工具、容器具和设备，并请 QA 人员检查，合格后发给“清场合格证”，将“清洁合格证”挂贴于操作室门上，作为后续产品开工凭证。

（3）撤掉运行状态标识，挂清场合格标识，按清洁程序清理现场。

（4）及时填写“批生产记录”“设备运行记录”“交接班记录”等，并复核、检查记录是否有漏记或错记现象，复核中间产品检验结果是否在规定范围内；检查记录中各项是否有偏差发生，如果发生偏差则按《生产过程偏差处理规程》操作。

（5）关好水、电开关及门，按进入程序的相反程序退出。

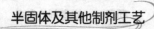

操作工序二　配　　制

一、准备工作

（一）生产人员

本工序生产人员应提前学习与本工序相关的技术文件，主要是掌握有关配制方面的知识，掌握本工序的设备操作要领。

生产人员的素质要求及进入洁净区的程序参见本项目中子项目一操作工序一。

（二）生产环境

本工序生产环境的要求按 GMP（2010 年版）有关 D 级洁净区的规定执行，具体参见本项目中子项目一操作工序一。

（三）生产文件

1．批生产指令单

2．配制岗位标准操作规程

3．配制罐标准操作规程

4．配制罐清洁消毒标准操作规程

5．配制岗位清场标准操作规程

6．配制岗位生产前确认记录

7．配制工序操作记录

（四）生产用物料

本工序生产用物料为称量工序按“批生产指令单”要求称量后的十一烯酸锌、十一烯酸、聚乙二醇 3350 和聚乙二醇 400 等物料，操作人员到中间站或称量工序领取，领取过程按规定办理物料交接手续。

（五）设施、设备

（1）检查操作间、工具、容器和设备等是否有清场合格标识，并核对是否在有效期内。否则按清场标准程序进行清场并经 QA 人员检查合格后，填写“清场合格证”，方可进入下一步操作。

（2）根据要求选择适宜的软膏剂配制设备，即水相罐，本设备与油相罐（图 1-2）结构与原理相同。设备要有“合格”标牌，“已清洁”标牌，并对设备状况进行检查，确认设备正常，方可使用。

（3）检查水、电供应正常，开启纯化水阀放水 10min。

（4）检查配制容器、用具是否清洁干燥，必要时用 75%乙醇溶液对配制容器和用具进行消毒。

（5）根据批生产指令单填写领料单，从备料称量间领取原、辅料，并核对品名、批号、规格、数量和质量无误后，进行下一步操作。

（6）操作前检查加热、搅拌、真空装置是否正常，关闭水相罐底部阀门，打开真空泵冷却水阀门。

（7）挂本次运行状态标识，进入配制操作。

二、生产过程

（一）生产操作

（1）制备基质：将称量好的聚乙二醇 3350、聚乙二醇 400 投入到水相罐中开启搅拌，打开蒸气阀门对水相罐进行加热，使内容物达到 60℃，停止加热，开启冷凝水，搅拌冷凝至 20℃。

（2）加入药物：将称量好的十一烯酸锌、十一烯酸在配料桶内混合均匀后加入到上述制备好基质的水相罐中，搅拌均匀。

（3）开启压缩空气排出物料至灌装料斗中。

（二）质量控制要点

（1）性状：白色至淡黄色软膏。

（2）粒度；涂于皮肤，感觉细腻，无颗粒感。

三、清洁清场

1．水相罐的清洁

（1）取下水相罐的盖子，送清洗间用纯化水刷洗干净。

（2）往水相罐加入 1/3 罐容积的热水，浸泡、搅拌、冲洗 5min，排除污水，再加入适量的热水和洗洁精，用毛刷从上到下清洗罐壁、搅拌桨及温度探头等处（尤其注意罐底放料口的清洗），直至无可见残留物。

（3）将不锈钢连接管拆下，把两端带长绳子的小毛刷塞入管中，用水冲到另一端。两人分别在管的两端拉住绳子，加入热水和洗洁精，来回拉动绳子刷洗管内壁，然后倒出污水后再加入纯化水重复操作 2 次直至排水澄清、无异物。

（4）分别用纯化水淋洗水相罐和不锈钢连接管 2 次。

（5）用 75%乙醇溶液仔细擦拭水相罐内部和罐盖，消毒后将水相罐盖好。

（6）用毛巾将水相罐外部从上到下仔细擦洗，尤其注意阀门及相连电线套管、水管等处死角，毛巾应单向擦拭，并每擦约 $1m^2$ 清洗一次。

2．操作间的清洁

按《操作间清洁标准操作规程》对场地、设备、用具、容器进行清洁消毒，经 QA 人员检查合格，发《清场合格证》。

操作工序三　灌封（内包装）

本工序要求按灌封岗位 SOP 进行操作，将上工序生产的物料进行灌封，具体工艺参数设置如下。

（1）空复合软管规格为 10g/支。

（2）配套模具规格为 10g/支。

（3）灌装速度：中速。

（4）在灌装过程中进行装量差异检查。

（5）灌装后进行物料平衡计算，物料平衡限度控制为98%～100%。

其他要求可参见本项目一中子项目一操作工序三。

操作工序四　外　包　装

本工序要求按如下工艺参数进行操作。

（1）装小盒：每小盒内装1支软膏，放1张产品说明书。

（2）装中盒：每20小盒为1中盒，封口。

（3）装箱：将封好的中盒装置于已封底的纸箱内，每10中盒为1箱，然后用封箱胶带封箱，打包带（2条/箱）。

其他要求可参见本项目中子项目一操作工序四。

知识链接

软膏剂的制备方法

软膏剂的制备方法有研合法、熔合法和乳化法三种。根据其类型、基质状态、药物性质、制备量、设备条件及标准要求进行选择。

一、制备方法

1. 研合法

由半固体和液体组分组成的软膏基质可用此法。可先取药物与部分基质或适宜的液体研磨成细腻糊状，再递加其余基质研匀至取少许涂布于手背上无颗粒感觉为止。大量生产时可用电动研钵进行。

2. 熔合法

由熔点较高的组分组成的基质，常温下不能均匀混合，须用此法。若主药可溶于基质者亦可用此法混入，或一些药材需用基质加热浸取其有效成分者也用此法。操作时通常先将基质加热熔化，滤过，加入药物，搅匀并至冷凝。大量制备可用电动搅拌机混合。含不溶性药物粉末的软膏，可通过研磨机进一步研磨使其更细腻均匀。

3. 乳化法

将油性物质（如凡士林、羊毛脂、硬脂酸、高级脂肪醇、单硬脂酸甘油酯等）加热至80℃左右使其熔化，用细布滤过；另将水溶性成分（如硼砂、氢氧化钠、三乙醇胺、月桂醇硫酸钠及保湿剂、防腐剂等）溶于水，加热至较油相温度略高时（防止两相混合时油相中的组分过早析出或凝结），将水溶液慢慢加入油相中，边加边搅，制成乳剂基质。加入药物并搅拌至冷凝。

乳化剂中水、油两相的混合有三种方法：①两相同时掺和，适用于连续的或大批量生产的操作，需要一定设备；②分散相加到连续相中，适合于含小体积分散相的乳剂系统；③连续相加到分散相中，适用于多数乳剂系统，在混合过程中引起乳剂的转型，从而产生更为细小的分散相粒子。如制备O/W型乳剂基质时，水相在搅拌下极缓加到油相内，开始时水相的浓度低于油相，形成W/O型乳剂，当更多水加入时，乳剂粘度继续增加，直至W/O型乳剂水相的体积扩大到最大限度，超过此限，乳剂粘度降低，发生转型而成O/W型乳剂，使内相（油相）得以更细地分散。

二、药物的加入方法

1. 不溶于基质或基质的任何组分药物的加入

药物不溶于基质或基质的任何组分中时，必须将药物粉碎至细粉。若用研磨法，配制时取药粉先与适量液体组分，如液状石蜡、植物油、甘油等研匀成糊状，再与其余基质混匀。

2. 可溶性药物的加入

药物可溶于基质某组分中时，一般油溶性药物溶于油相或少量有机溶剂，水溶性药物溶于水或水相，再吸收混合或乳化混合。

3. 具有特殊性质的药物

具有特殊性质的药物，如半固体粘稠性药物，可直接与基质混合，必要时先与少量羊毛脂或聚山梨酯类混合再与凡士林等油性基质混合。

4. 液体中药浸出物

中药浸出物为液体（如煎剂，流浸膏）时，可先浓缩至稠膏状再加入基质中。固体浸膏可加少量水或稀乙醇溶液等研成糊状，再与基质混合。

5. 共熔组分的加入

处方中含有共熔组分（如樟脑、薄荷脑）时，可先共熔再与基质混合。组分时，可先将其共熔，再与冷至适宜温度的基质混匀。

子项目考核标准

水溶性基质软膏剂的制备考核标准见表 1-10。

表 1-10 水溶性基质软膏剂的制备考核标准

序号	考试内容		操作内容	分值	现场考核情况记录	得分
1	洗手更衣		穿洁净工作鞋、衣，顺序合理、动作规范，洗手动作规范	5		
2	操作前检查		温度、相对湿度、静压差、操作间设备、仪器状态标志检查和记录	10		
3	生产操作	称量	物料的领取；选用和使用称量设备	40		
		配制	配制罐的原理；操作的正确及熟练程度			
		灌封	灌封机器正确使用；中间产品质量控制			
		外包装	数量的准确性；操作熟练程度			
4	清场		挂待清场状态标志；清除物料；清洁工作间；挂已清场状态标识	10		
5	生产记录		物料记录、温湿度记录、操作过程记录	10		
6	团队协作		组员之间沟通情况；配合和协调情况	10		
7	安全生产		影响安全的行为和因素	10		
8	按时完成生产任务		按时完成生产任务	5		
	总分			100		

拓展知识

眼膏剂与凝胶剂

一、眼膏剂

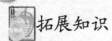

眼膏剂系指药物与适宜的基质均匀混合制成的无菌溶液型或混悬型膏状的眼用半固体制剂。眼膏剂较一般滴眼剂在眼中保留时间长，疗效持久，并能减轻眼睑对眼球的摩擦，有助于眼角膜损伤的愈合。但使用时有油腻感，亦能造成视力模糊。

眼膏剂在生产与储藏期间应符合下列有关规定：①制备眼膏剂应在避菌的环境中进行，注意防止微生物的污染；所用的器具、容器等须用适宜的方法清洁、灭菌；基质应过滤并灭菌。②眼膏剂中所用的药物可先配成溶液或研细过9号筛，使颗粒细度符合要求，再与基质研和均匀；选用的基质应便于药物分散和吸收，必要时可酌加抑菌剂等附加剂。③眼膏剂应均匀、细腻，易涂布于眼部，对眼部无刺激性。④眼膏剂所用的包装容器应紧密，易于防止污染，方便使用，并不应与药物或基质发生理化作用。⑤眼膏剂应置遮光、灭菌容器中密封储存。

常用的眼膏剂基质一般由凡士林8份，液体石蜡、羊毛脂各1份混合而成，可根据气温适当调整液体石蜡的用量。基质中的羊毛脂具有表面活性作用，且其吸水性和黏附性较强，使眼膏与泪液容易混合并易附着于眼黏膜上，有利于药物的渗透。眼膏剂基质应加热熔化后用绢布等适宜滤材保温过滤，并在150℃干热灭菌1～2h，也可以将各组份分别灭菌后再混合。

目前，也有眼用乳膏剂及凝胶剂。眼用乳膏剂系指药物与适宜基质均匀混合，制成无菌乳膏状眼用半固体制剂；眼用凝胶剂系指药物与适宜辅料制成无菌凝胶状眼用半固体制剂。

眼膏剂的制备 眼膏剂的制备与一般软膏剂的制备基本相同，但必须在净化条件下进行。通常在净化操作台或净化操作室中配制，以防止微生物的污染。制备眼膏用的药物、基质、用具及包装材料等均应根据其性质等采用安全可靠的灭菌方法灭菌后使用。

配制眼膏时，若主药易溶于水且性质稳定，可先用少量注射用水溶解，加入适量基质研合，吸尽水液，再逐步递加其余基质混匀。对不溶于基质组成的药物，应将其粉碎成可通过9号筛的极细粉，加少量灭菌的液体石蜡或基质研成糊状，再递加其余基质直至混合均匀。用于眼部手术或创伤的眼膏剂应灭菌或按无菌操作配制，且不得加抑菌剂或抗氧剂。

眼膏剂的质量检查 按照《中国药典》(2010年版)二部(附录IG)的规定，眼膏剂应进行粒度、金属性异物、重量差异、装量和微生物限度的检查。用于眼部手术或创伤的眼膏剂应进行无菌检查。

眼膏剂实例解析

氯霉素眼膏

处方： 氯霉素 0.1g
液化石蜡 适量
眼膏基质 加至10g

制法： ①取氯霉素置于灭菌乳钵中，加适量灭菌液化石蜡，研成细腻糊状；②分次递加眼膏基质至10g，边加边研至均匀，即得。

用途： 用于治疗由大肠杆菌、流感嗜血杆菌、克雷伯菌属、金黄色葡萄球菌、溶血性链球菌和其他敏感菌所致的结膜炎、角膜炎、眼睑缘炎、沙眼等。

二、凝胶剂

凝胶剂系指药物与能形成凝胶的辅料制成均一、混悬或乳状液型的稠厚液体或半固体制剂。除另有规定外，凝胶剂限局部用于皮肤及体腔，如鼻腔、阴道和直肠。凝胶剂按基质种类不同可分为溶液型、乳状液型和混悬型凝胶剂；凝胶剂按分散系统不同又可分为双相和单相凝胶剂。乳状液型凝胶剂又称为乳胶剂，属于双相凝胶剂。小分子无机药物（如氢氧化铝）凝胶剂是由分散的药物胶体小粒子以网状结构存在于液体中，也属于双相分散体系，称混悬型凝胶剂。混悬型凝胶剂可有触变性，静止时形成半固体而搅拌或振摇时成为液体。溶液型凝胶剂基质属单相分散体系，有水性与油性之分。水性凝胶基质一般由水、甘油或丙二醇与纤维素类衍生物、卡波姆、海藻酸盐、西黄蓍胶、明胶和淀粉等构成；油性凝胶基质由液状石蜡与聚乙烯或脂肪油与胶体硅或铝皂、锌皂构成。临床应用较多的是以水性凝胶为基质的凝胶剂。

凝胶剂在生产与储存期间应符合下列有关规定：①混悬型凝胶剂中胶粒应分散均匀，不应下沉结块；②凝胶剂应均匀、细腻，在常温时保持胶状，不干涸或液化；③凝胶剂根据需要加，可加入保温剂、防腐剂、抗氧剂、乳化剂、增稠剂和透皮吸收促进剂等；④凝胶剂基质不应与药物发生理化作用；⑤除另有规定外，凝胶剂应遮光密封，宜置25℃以下储存，并应防冻；⑥混悬型凝胶剂在标签上应注明“用前摇匀”。

水性凝胶剂基质 大多数水性凝胶基质在水中溶胀成水性凝胶而不溶解。此类基质的特点是无油腻感，易涂展和洗除，能吸收组织渗出液，不妨碍皮肤正常功能，还由于黏滞度较小而利于药物的释放。但这类基质的润滑作用较差，易失水和霉变，常需添加保湿剂和防腐剂，常用的有以下几种。

（1）**甘油明胶** 由10%～30%的甘油、1%～3%的明胶与水加热制成。温热后的本品易涂布，并形成一层保护膜。因本身具有弹性，故使用时比较舒服。

（2）**淀粉甘油** 由7%～10%的淀粉、70%的甘油与水加热制成。本品能与铜、锌等金属盐类配伍，可用于眼膏基质，因甘油的含量高，故能抑制微生物生长而较稳定。

（3）**卡波姆** 卡波姆系丙烯酸与丙烯基蔗糖交联的高分子聚合物，又称聚羧乙烯，商品名为卡波普，按黏度不同常分为934、940、941等规格。卡波姆为白色粉末状物质，易吸湿结块。由于分子中存在大量的羧酸基团（约占52%～68%），与聚丙烯酸有非常类似的理化性质，可以在水中迅速溶胀，但不溶解，其1%水分散液呈酸性，pH值为3.11，黏度较低，可用碱中和，形成凝胶。卡波姆的中和剂可用氢氧化钠、氢氧化钾、碳酸氢钾、硼砂及三乙醇胺等。本品形成的水凝胶，在pH值为6～12时最为黏稠，当pH<6和pH>12时，黏度降低，强电解质存在也会使黏度降低，暴露于阳光下会迅速失去黏性，加入抗氧剂可使反应减慢。卡波姆水溶液除具有很好的黏和性及凝胶性外，还具有良好的乳化性，增稠性、助悬性和成膜性。卡波姆制备的凝胶剂无毒、释药快、对皮肤和黏膜无刺激性、无油腻性、易于涂布，特别适宜于治疗脂溢性皮肤病。盐类电解质可使卡波姆凝胶的黏性下降，碱土金属离子以及阳离子聚合物等均可与之结合成不溶性盐，强酸也可使卡波普失去黏性。

（4）**纤维素类衍生物** 纤维素经衍生化后成为在水中可溶胀或溶解的胶性物，调节至适宜的稠度可形成水溶性凝胶基质。此类基质的黏度随着相对分子质量、取代度和介质条件的不同而改变，故其取用量应根据衍生物的不同规格和具体条件进行调整。常用的品种有甲基纤维素（MC）和羧甲基纤维素钠（CMC-Na），两者常用的浓度为2%～6%。前者缓缓溶于冷水，不溶于热水，但湿润、放置冷却后可溶解，后者在任何温度下均可溶解。1%的水溶液pH值均在6～8，MC在pH2～12时均稳定，而CMC-Na在低于pH5或高于pH10时黏度显著降低。

本类基质涂布于皮肤时有较强黏附性，较易失水干燥而有不适感，常需加入约10%～15%的甘油保湿剂，同时，加入0.2%～0.5%的羟苯乙酯做防腐剂。在CMC-Na基质中不宜加硝（醋）酸苯汞或其他重金属盐作防腐剂，也不宜与阳离子型药物配伍，否则会与CMC-Na形成不溶性沉淀物，从而影响防腐效果或药效，对基质稠度也会有影响。

水性凝胶剂的制备　水性凝胶剂的制备通常是将药物溶于水者常先溶于部分水或甘油中，必要时加热，其余处方成分按基质配制方法制成水性凝胶基质，再与药物溶液混匀加水至足量搅匀即得。药物不溶于水者，可先用少量水或甘油研细，分散，再混于基质中搅匀即得。

凝胶剂的质量检查

（1）粒度　除另有规定外，混悬型凝胶剂取适量的供试品，涂成薄层，薄层面积相当于盖玻片面积，共涂三片，按照粒度和粒度分布测定法检查，均不得检出大于180μm的粒子。

（2）装量　按照最低装量检查法检查，应符合规定。

（3）无菌　用于烧伤或严重创伤的凝胶剂，按照无菌检查法检查，应符合规定。

（4）微生物限度　除另有规定外，按照微生物限度检查法检查，应符合规定。

凝胶剂实例解析

盐酸萘替芬凝胶

处方： 盐酸萘替芬　2g　卡波姆　1.5g　甘油　10g

三乙醇胺　1.5g　聚山梨酯80　1g　乙醇　20ml

纯化水　加至100g

制法： ①取甘油置乳钵中，加卡波姆充分研磨使润湿并加适量纯化水，备用；②另取盐酸萘替芬，加聚山梨酯-80、三乙醇胺、乙醇，加适量纯化水搅拌使其溶解；③将盐酸萘替芬溶液加入到上述乳钵中，边加边搅拌使成胶浆状，加纯化水至全量，研匀即得。

用途： 用于治疗局部真菌感染，如手、足癣、体癣等。

综合练习题

一、单项选择题

1．下列正确叙述软膏剂概念的是（　　）。

A．软膏剂系指药物与适宜基质混合制成的固体外用制剂

B．软膏剂系指药物与适宜基质混合制成的半固体外用制剂

C．软膏剂系指药物与适宜基质混合制成的半固体内服和外用制剂

D．软膏剂系指药物制成的半固体外用制剂

E．软膏剂系指药物与适宜基质混合制成的半固体内服制剂

2．下列属于软膏剂烃类基质的是（　　）。

A．羊毛脂　B．蜂蜡　C．硅酮　D．凡士林

E．聚乙二醇

3．下列属于软膏剂烃类基质的是（　　）。

A．硅酮　B．蜂蜡　C．羊毛脂　D．聚乙二醇

E．固体石蜡

4．下列属于软膏剂类脂类基质的是（　　）。
A．羊毛脂　B．固体石蜡　C．硅酮　D．凡士林
E．海藻酸钠

5．下列属于软膏剂类脂类基质的是（　　）。
A．植物油　B．固体石蜡　C．鲸蜡　D．凡士林
E．甲基纤维素

6．下列属于软膏剂油脂类基质的是（　　）。
A．甲基纤维素　B．卡波普　C．硅酮　D．甘油明胶
E．海藻酸钠

7．单独用作软膏剂基质的是（　　）。
A．植物油　B．液化石蜡　C．固体石蜡　D．蜂蜡
E．凡士林

8．下列可改善凡士林吸水性的是（　　）。
A．植物油　B．液化石蜡　C．鲸蜡　D．羊毛脂
E．海藻酸钠

9．常用于O/W型乳剂型基质乳化剂的是（　　）。
A．三乙醇胺皂　B．羊毛脂　C．硬脂酸钙　D．司盘类
E．胆固醇

10．常用于O/W型乳剂型基质乳化剂的是（　　）。
A．硬脂酸钙　B．羊毛脂　C．月桂醇硫酸钠　D．十八醇
E．甘油单硬脂酸酯

11．常用于W/O型乳剂型基质乳化剂的是（　　）。
A．司盘类　B．吐温类　C．月桂醇硫酸钠　D．卖泽类
E．泊洛沙姆

12．常用于O/W型乳剂基质辅助乳化剂的是（　　）。
A．硬脂酸钙　B．羊毛脂　C．月桂醇硫酸钠　D．十八醇
E．吐温类

13．下列属于软膏剂水溶性基质的是（　　）。
A．植物油　B．固体石蜡　C．鲸蜡　D．凡士林
E．聚乙二醇

14．下列属于软膏剂水性凝胶基质的是（　　）。
A．植物油　B．卡波普　C．泊洛沙姆　D．凡士林
E．硬脂酸钠

15．在乳剂型软膏剂基质中常加入羟苯酯类（尼泊金类），其作用为（　　）。
A．增稠剂　B．稳定剂　C．防腐剂　D．吸收促进剂
E．乳化剂

16．乳剂型软膏剂的制法是（　　）。
A．研磨法　B．熔合法　C．乳化法　D．分散法
E．聚合法

17．下列关于凝胶剂的叙述错误的是（　　）。

A. 凝胶剂是指药物与适宜的辅料制成的均一、混悬或乳剂的乳胶稠厚液体或半固体制剂
B. 凝胶剂有单相分散系统和双相分散系统
C. 氢氧化铝凝胶为单相分散系统
D. 卡波普在水中分散形成浑浊的酸性溶液
E. 卡波普在水中分散形成浑浊的酸性溶液必须加入 NaOH 中和，才形成凝胶剂

18. 对眼膏剂的叙述错误的是（　　）。
A. 色泽均匀一致，质地细腻，无粗糙感，无污物
B. 对眼部无刺激，无微生物污染
C. 眼用软膏剂不得检出任何微生物
D. 眼膏剂的稠度适宜，易于涂抹
E. 眼膏剂的基质主要是黄凡士林 8 份、液化石蜡 1 份和羊毛脂 1 份

19. 对眼膏剂的叙述错误的是（　　）。
A. 眼膏剂系指药物与适宜基质制成的供眼用的半固体制剂
B. 眼用软膏均匀、细腻、易涂布于眼部，对眼部无刺激
C. 成品中不得检出金黄色葡萄球菌和绿脓杆菌
D. 用于眼部手术或创伤的眼膏剂应绝对无菌，且不得加抑菌剂或抗氧剂
E. 眼膏基质：黄凡士林、液化石蜡、羊毛脂（8:1:1）

20. 能用其制备混悬型眼膏剂的不溶性药物能通过（　　）筛。
A. 一号筛　B. 三号筛　C. 五号筛　D. 七号筛
E. 九号筛

21. 下列叙述中不正确的是（　　）。
A. 二价皂和三价皂是形成 W/O 型乳剂基质的乳化剂
B. 软膏剂用于大面积烧伤时，用时应进行灭菌
C. 软膏剂主要起局部保护、治疗作用
D. 二甲基硅油化学性质稳定，对皮肤无刺激性，宜用于眼膏剂基质
E. 固体石蜡和蜂蜡为类脂类基质，用于增加软膏剂稠度

22. 乳膏剂酸碱度 pH 值一般控制在（　　）。
A. 4.2～11.0　B. 3.5～7.3　C. 4.4～8.3　D. 5.1～8.8
E. 6.3～9.5

二、多项选择题

1. 软膏剂的制备方法有（　　）。
A. 乳化法　B. 溶解法　C. 研和法　D. 熔和法
E. 复凝聚法

2. 下列是软膏剂烃类基质的是（　　）。
A. 硅酮　B. 蜂蜡　C. 羊毛脂　D. 凡士林
E. 固体石蜡

3. 下列是软膏剂类脂类基质的是（　　）。

A．羊毛脂　B．固体石蜡　C．蜂蜡　D．凡士林
E．鲸蜡
4．下列是软膏剂类脂类基质的是（　　）。
A．植物油　B．固体石蜡　C．鲸蜡　D．羊毛脂
E．甲基纤维素
5．常用作 O/W 型乳剂型基质乳化剂的是（　　）。
A．硬脂酸钙　B．羊毛脂　C．月桂醇硫酸钠　D．三乙醇胺皂
E．甘油单硬脂酸酯
6．常用于 W/O 型乳剂型基质乳化剂的是（　　）。
A．司盘类　B．吐温类　C．月桂醇硫酸钠　D．硬脂酸钙
E．泊洛沙姆
7．常用于 O/W 型乳剂基质辅助乳化剂的是（　　）。
A．泊洛沙姆　B．羊毛脂　C．月桂醇硫酸钠　D．十八醇
E．甘油单硬脂酸酯
8．下列是软膏剂水溶性基质的是（　　）。
A．植物油　B．甲基纤维素　C．西黄耆胶　D．羧甲基纤维素钠
E．聚乙二醇
9．下列是软膏剂水性凝胶基质的是（　　）。
A．海藻酸钠　B．卡波普　C．泊洛沙姆　D．甘油明胶
E．硬脂酸钠
10．下列叙述中正确的是（　　）。
A．卡波普在水中溶胀后，加碱中和后即成为粘稠物，可作凝胶基质
B．十二烷基硫酸钠为 W/O 型乳化剂，常与其他 O/W 型乳化剂合用调节 HLB 值
C．O/W 型乳剂基质含较多的水分，无须加入保湿剂
D．凡士林中加入羊毛脂可增加吸水性
E．硬脂醇是 W/O 型乳化剂，但常用于 O/W 型乳剂基质中起稳定、增稠作用
11．下列关于凝胶剂叙述正确的是（　　）。
A．凝胶剂是指药物与适宜的辅料制成的均一、混悬或乳剂的乳胶稠厚液体或半固体制剂
B．凝胶剂只有单相分散系统
C．氢氧化铝凝胶为单相凝胶系统
D．卡波普在水中分散即形成凝胶
E．卡波普在水中分散形成浑浊的酸性溶液必须加入 NaOH 中和，才形成凝胶剂

项目二　栓剂的制备

项目说明

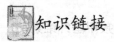

本项目分普通栓剂的制备、泡腾栓剂的制备两个子项目。每个子项目按照操作先后顺序共分物料称量、配制、灌封（内包装）、外包装四个工序。每个工序由准备工作、生产过程、清洁清场等几部分组成，在完成各工序的过程中需要参考相应的岗位 SOP 及设备的 SOP。因工序操作随设备的不同而不同，相应的 SOP 另行提供。本项目制备的栓剂应符合《中国药典》（2010 年版）的要求。

知识链接

认识栓剂

栓剂（图 2-1）系指药物与适宜的基质制成供腔道给药的固体制剂。栓剂分为普通栓和持续释药的缓释栓。

栓剂因施用腔道的不同分为直肠栓、阴道栓和尿道栓。直肠栓为鱼雷形、圆锥形或圆柱形等；阴道栓为鸭嘴形、球形或卵形等；尿道栓一般为棒状。

栓剂在生产与贮藏期间均应符合下列有关规定。

（1）栓剂常用基质为半合成脂肪酸甘油酯、可可豆脂、聚氧乙烯硬脂酸酯、聚氧乙烯山梨聚糖脂肪酸酯、氢化植物油、甘油明胶、泊洛沙姆、聚乙二醇类或其他适宜的物质。

（2）常用水溶性或水能混溶的基质制备阴道栓。

（3）除另有规定外，供制栓剂用的固体药物应预先用适宜的方法制成细粉，并全部通过六号筛。根据施用腔道和使用目的的不同，制成各种适宜的形状。

（4）根据需要可加表面活性剂、稀释剂、吸收剂、润滑剂和防腐剂等。

（5）栓剂中的药物与基质应混合均匀，栓剂外形要完整光滑；塞入腔道后应无刺激性，应能融化、软化或溶化，并与分泌液混合，逐渐释放出药物，产生局部或全身作用；应有适宜的硬度，以免在包装或贮存时变形。

（6）缓释栓剂应进行释放度检查，不再进行融变时限检查。

（7）除另有规定外，应在 30℃以下密闭保存，防止因受热、受潮而变形、发霉和变质。

除另有规定外，栓剂应进行以下相应检查。

【重量差异】

检查法：取供试品 10 粒，精密称定总重量，求得平均粒重后，再分别精密称定各粒的重量。每粒重量与平均粒重相比较，按表 2-1 中的规定，超出重量差异限度的药粒不得多于 1 粒，并不得超出限度 1 倍。

表 2-1 栓剂重量差异限度表

平均重量	重量差异限度
1.0g 以下至 1.0g	±10%
1.0g 以上至 3.0g	±7.5%
3.0g 以上	±5%

凡规定检查含量均匀度的栓剂，一般不再进行重量差异检查。

【融变时限】

除另有规定外，按照融变时限检查法（《中国药典》（2010 年版）二部附录ⅩB）检查，应符合规定。

【微生物限度】

按照微生物限度检查法（《中国药典》（2010 年版）二部附录ⅪJ）检查，应符合规定。

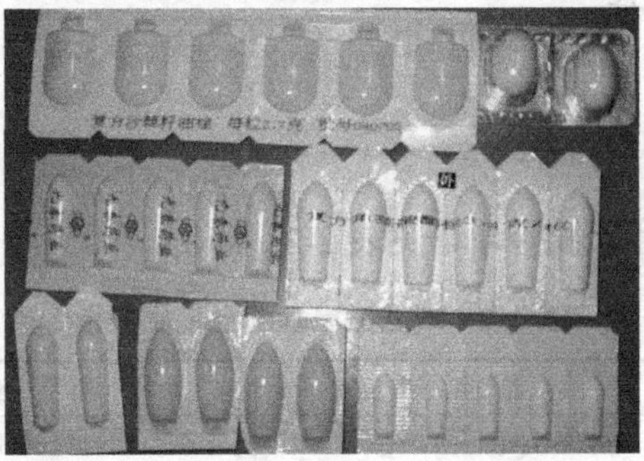

图 2-1 栓剂

学习目标

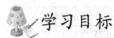

（1）了解栓剂的概念、种类和质量要求，理解其制备方法及影响因素。
（2）熟悉栓剂制备相关知识。
（3）了解 GMP 对栓剂生产的管理要点。
（4）熟悉栓剂辅料的作用及性质。
（5）会使用常用的称量、熔化、灌注和包装设备。
（6）能按指令执行典型标准操作规程，完成实训任务，并正确填写实训操作记录。
（7）能在实训过程正确完成中间产品的质量监控。
（8）能按 GMP 要求完成实训后的清洁清场操作。

子项目一 普通栓剂的制备

子项目说明

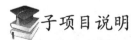

本子项目在教学过程中，以对乙酰氨基酚栓（0.15g/枚）（图 2-2）为例进行制备过程学习。本药品收载于《中国药典》（2010 年版）二部。

对乙酰氨基酚栓由主要成分对乙酰氨基酚及辅料聚山梨酯–80 等制成栓剂，能抑制前列腺素的合成，具有解热、镇痛作用，用于普通感冒或流行性感冒引起的发热，也用于缓解轻至中度疼痛，如头痛、关节痛、偏头痛、牙痛、肌肉痛、神经痛和痛经。

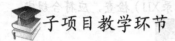

图 2-2　对乙酰氨基酚栓

子项目教学环节

接受操作指令

对乙酰氨基酚栓批生产指令单，见表 2-2。

表 2-2　对乙酰氨基酚栓批生产指令单

品　名	对乙酰氨基酚栓	规　格	0.15g/枚
批　号		理论投料量	5 枚
采用的工艺规程名称		对乙酰氨基酚栓工艺规程	
原辅料的批号和理论用量			
序　号	物料名称	批　号	理论用量/g
1	对乙酰氨基酚		0.75
2	聚山梨酯 –80		1.0
3	冰片		0.5
4	乙醇		2.5
5	甘油		32.0
6	明胶		9.0
7	纯化水		加至 50.0
生产开始日期	年　月　日	生产结束日期	年　月　日
制表人		制表日期	年　月　日
审核人		审核日期	年　月　日

生产处方：

（每枚处方）

对乙酰氨基酚	0.15g
聚山梨酯–80	0.2g
冰片	0.1g
乙醇	0.5g
甘油	6.4g

明胶　　　　　　　　1.8g

纯化水　　　　　　　加至 10.0g

查阅操作依据

为更好地完成本项任务，可查阅《对乙酰氨基酚栓工艺规程》、《中国药典》（2010 年版）等与本项任务密切相关的文件资料。

制定操作工序

根据本品种的制备要求制定操作工序如下：

称量→配制→灌封（内包装）→外包装

每个工序由准备工作、生产过程、清洁清场等几部分组成。在操作过程中填写普通栓剂制备操作记录，见表 2-3。

表 2-3　普通栓剂制备操作记录

品　名	对乙酰氨基酚栓	规　格	0.15g/枚	批　号	
生产日期	年　月　日	房间编号	温度　　℃	相对湿度	%

<table>
<tr><th>工艺步骤</th><th colspan="2">工艺参数</th><th colspan="2">操作记录</th><th>操作时间</th></tr>
<tr><td rowspan="3">1．生产准备</td><td colspan="2">设备是否完好正常</td><td colspan="2">□是　□否</td><td rowspan="3">时　分～　时　分</td></tr>
<tr><td colspan="2">设备、容器、工具是否清洁</td><td colspan="2">□是　□否</td></tr>
<tr><td colspan="2">计量器具仪表是否校验合格</td><td colspan="2">□是　□否</td></tr>
<tr><td rowspan="9">2．称量</td><td colspan="2" rowspan="9">（1）生产处方规定，称取各种物料，记录品名、用量
（2）称量过程中执行一人称量，一人复核制度
（3）处方如下：
（每枚处方）
对乙酰氨基酚　0.15g
聚山梨酯-80　0.2g
冰片　0.1g
乙醇　0.5g
甘油　6.4g
明胶　1.8g
纯化水　加至 10.0g</td><td colspan="2">按生产处方规定，称取各种物料，记录如下：</td><td rowspan="9">时　分～　时　分</td></tr>
<tr><td>物料名称</td><td>用量/g</td></tr>
<tr><td>对乙酰氨基酚</td><td></td></tr>
<tr><td>聚山梨酯-80</td><td></td></tr>
<tr><td>冰片</td><td></td></tr>
<tr><td>乙醇</td><td></td></tr>
<tr><td>甘油</td><td></td></tr>
<tr><td>明胶</td><td></td></tr>
<tr><td>纯化水</td><td></td></tr>
<tr><td>3．配制与灌封</td><td colspan="2">（1）根据工艺要求向化基质罐投入聚山梨酯-80、冰片、乙醇、甘油、明胶和纯化水等。开启搅拌机开关，打开蒸气阀门对化基质罐进行加热，使内容物温度达到 60℃
（2）将化基质罐内处理好的基质用压缩空气压至栓剂配制罐中。
（3）将称量好的对乙酰氨基酚加入配制罐中，与基质搅拌均匀。
（4）用栓剂灌装封切机组进行灌封操作，设置栓剂重量 10g/枚。
（5）在灌封操作过程中进行装量检查。</td><td colspan="2">1．化基质温度℃。
2．栓剂灌装封切机组型号：
3．灌封后产品数量：</td><td>时　分～　时　分</td></tr>
<tr><td rowspan="5">4．装量检查</td><td colspan="4">应填充量　　g；实际重量：　　g</td><td rowspan="5">时　分～　时　分</td></tr>
<tr><td>称量时间</td><td colspan="3"></td></tr>
<tr><td>重量/g</td><td colspan="3"></td></tr>
<tr><td>称量时间</td><td colspan="3"></td></tr>
<tr><td>重量/g</td><td colspan="3"></td></tr>
</table>

（续）

<table>
<tr><td>品　　名</td><td colspan="2">对乙酰氨基酚栓</td><td>规　　格</td><td colspan="2">0.15g/枚</td><td>批　　号</td><td colspan="2"></td></tr>
<tr><td>生产日期</td><td>年　月　日</td><td colspan="2">房间编号</td><td>温度</td><td>℃</td><td>相对湿度</td><td colspan="2">%</td></tr>
<tr><td>工艺步骤</td><td colspan="3">工艺参数</td><td colspan="3">操作记录</td><td colspan="2">操作时间</td></tr>
<tr><td>5. 外包装</td><td colspan="3">（1）装小盒：每小盒内装 2 板栓剂，放 1 张产品说明书
（2）装中盒：每 10 小盒为 1 中盒，封口
（3）装箱：将封好的中盒装置于已封底的纸箱内，每 10 中盒为 1 箱，然后用封箱胶带封箱，打包带（2 条/箱）</td><td colspan="3">（1）装小盒：每小盒内装　板栓剂，放　张产品说明书
（2）装中盒：每　小盒为 1 中盒，封口
（3）装箱：将封好的中盒装置于已封底的纸箱内，每　中盒为 1 箱，然后用封箱胶带封箱，打包带（　条/箱）</td><td colspan="2">时　分～　时　分</td></tr>
<tr><td>6. 清场</td><td colspan="3">（1）生产结束后将物料全部清理，并定置放置
（2）撤除本批生产状态标识
（3）使用过的设备容器及工具应清洁无异物并实行定置管理
（4）设备内外尤其是接触药品的部位要清洁，做到无油污，无异物
（5）地面、墙壁应清洁，门窗及附属设备无积灰，无异物
（6）不留本批产品的生产记录及本批生产指令书面文件</td><td colspan="3">QA 人员检查确认　□合格　□不合格</td><td colspan="2">时　分～　时　分</td></tr>
<tr><td>备　　注</td><td colspan="8"></td></tr>
<tr><td>操作人</td><td colspan="2"></td><td>复核人</td><td colspan="2"></td><td>QA 人员</td><td colspan="2"></td></tr>
</table>

确定工艺参数（请学生在进行操作前确定下列关键工艺参数）

（1）固体物料粉碎细度________目。

（2）化基质温度________℃。

（3）混合、搅拌时间________min。

（4）纵封温度________℃，横封温度________℃。

实施操作过程

操作工序一　称　量

一、准备工作

（一）生产人员

（1）生产人员应当经过培训，培训的内容应当与本岗位的要求相适应。除进行 GMP 理论和实践的培训外，还应当有相关法规、岗位职责、技能及卫生要求的培训。

（2）避免体表有伤口、患有传染病或其他可能污染药品疾病的人员从事直接接触药品的生产。

（3）生产人员均应当按照规定更衣。工作服的选材、式样及穿戴方式应当与所从事的工作和空气洁净度级别要求相适应。

（4）生产人员不得化妆和佩戴饰物。

（5）生产人员应当避免裸手直接接触药品、与药品直接接触的包装材料和设备表面。

（6）生产人员按D级洁净区生产人员进出标准程序（2010年版）进入生产操作区。

（二）生产环境

（1）生产区的内表面（墙壁、地面、顶棚）应当平整光滑、无裂缝、接口严密、无颗粒物脱落，避免积尘，便于有效清洁，必要时应当进行消毒。

（2）各种管道、照明设施、风口和其他公用设施的设计和安装应当避免出现不易清洁的部位，应当尽可能在生产区外部对其进行维护。

（3）排水设施应当大小适宜，并安装防止倒灌的装置。应当尽可能避免明沟排水，不可避免时，明沟宜浅，以方便清洁和消毒。

（4）制剂的原辅料称量应当在专门设计的称量室内进行。

（5）产尘操作间（如干燥物料或产品的取样、称量、混合和包装等操作间）应当保持相对负压或采取专门的措施，防止粉尘扩散、避免交叉污染并便于清洁。

（6）生产区应当有适度的照明，一般不能低于300lx，照明灯罩应密封完好。

（7）洁净区与非洁净区之间、不同级别洁净区之间的压差应当不低于10Pa。

（8）本工序的生产区域应按D级洁净区的要求设置，根据产品的标准和特性对该区域采取适当的微生物监控措施。

二、生产过程

（一）生产操作

（1）原辅料应在称量室称量，其环境的空气洁净度级别应与配制间一致，并有捕尘和防止交叉污染的措施。

（2）称量用的天平、磅秤应定期由计量部门专人校验，做好校验记录，并在已校验的衡器上贴上《检定合格证》，每次使用前应由操作人员进行校正。

（3）根据《批生产指令单》填写领料单，从备料间领取对乙酰氨基酚、聚山梨酯-80、冰片、乙醇、甘油、明胶和纯化水，并核对品名、批号、规格、数量、质量无误后，进行下一步操作。

（4）按《批生产指令单》、《XK3190-A12E台秤标准操作规程》进行称量。

（5）完成称量任务后，按《XK3190-A12E台秤标准操作规程》关停电子秤。

（6）将所称量物料装入洁净的盛装容器中，转入下一任务，并按批生产记录管理制度及时填写相关生产记录。

（7）将配料所剩的尾料收集，标明状态，交中间站，并填写好生产记录。

（8）如有异常情况，应及时报告技术人员，并协商解决。

（二）质量控制要点

（1）物料标识：符合GMP的要求。

（2）性状：符合药品标准的规定。

（3）检验合格报告单：有检验合格报告单。

（4）数量：核对准确。

三、清洁清场

（1）将物料用干净的容器盛放，密封。容器内外均附上状态标识，备用。转入下道工序。

（2）按 D 级洁净区清洁消毒程序清理工作现场、工具、容器具和设备，并请 QA 人员检查，合格后发给《清场合格证》，将《清洁合格证》挂贴于操作室门上，作为后续产品的开工凭证。

（3）撤掉运行状态标识，挂清场合格标识，按清洁程序清理现场。

（4）及时填写“批生产记录”“设备运行记录”“交接班记录”等，并复核、检查记录是否有漏记或错记现象，复核中间产品检验结果是否在规定范围内；检查记录中各项是否有偏差发生，如果发生偏差则按《生产过程偏差处理规程》操作。

（5）关好水、电开关及门，按进入程序的相反程序退出。

操作工序二　配　制

一、准备工作

（一）生产人员

本工序生产人员应提前学习与本工序相关的技术文件，掌握本工序的操作要点。

生产人员的素质要求及进入洁净区的程序参见本子项目操作工序一。

（二）生产环境

本工序生产环境的要求按 GMP（2010 年版）有关 D 级洁净区的规定执行，具体参见操作工序一。

（三）生产文件

1．批生产指令单

2．配制岗位标准操作规程

3．化基质罐及配制罐标准操作规程

4．化基质罐及配制罐清洁消毒标准操作规程

5．配制岗位清场标准操作规程

6．配制岗位生产前确认记录

7．配制工序操作记录

（四）生产用物料

本工序生产用物料为称量工序按批生产指令单要求称量后的对乙酰氨基酚、聚山梨酯–80、冰片、乙醇、甘油、明胶和纯化水，操作人员到中间站或称量工序领取，领取过程按规定办理物料交接手续。

（五）设施、设备

（1）检查操作间、工具、容器和设备等是否有清场合格标识，并核对是否在有效期内。否则按清场标准程序进行清场并经 QA 人员检查合格后，填写“清场合格证”，方可进入下一步操作。

（2）根据要求选择适宜的栓剂配制设备——化基质罐（图 2-3）和栓剂配制罐（图 2-4）。设备要有“合格”标牌，“已清洁”标牌，并对设备状况进行检查，确认设备正常，方可使用。

（3）检查水、电供应正常，开启纯化水阀放水 10min。

（4）检查配制容器、用具是否清洁干燥，必要时用 75%乙醇溶液对化基质罐、配制罐及其他配制容器、配制用具进行消毒。

（5）根据批生产指令单填写领料单，从备料称量间领取原、辅料，并核对品名、批号、规格、数量和质量，无误后进行下一步操作。

（6）操作前检查加热、搅拌、真空是否正常，关闭油相罐底部阀门，打开真空泵冷却水阀门。

（7）挂本次运行状态标识，进入配制操作。

图 2-3 化基质罐

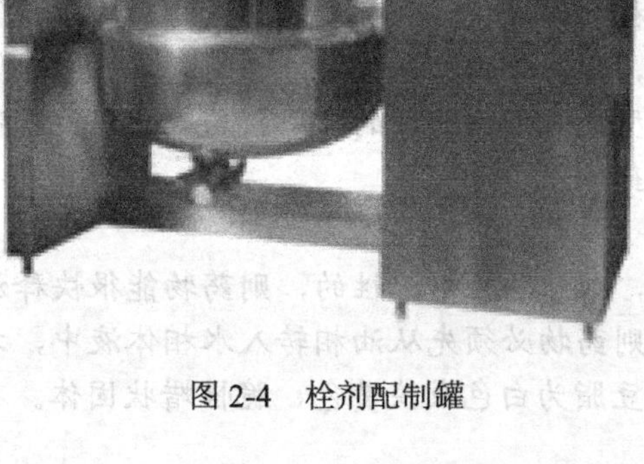

图 2-4 栓剂配制罐

二、生产过程

（一）生产操作

1．制备基质

（1）检查化基质罐内外有无异物，设备处于正常状态。

（2）根据工艺要求向罐内投入聚山梨酯-80、冰片、乙醇、甘油、明胶和纯化水等。开启搅拌机开关，打开蒸气阀门对化基质罐进行加热，使内容物温度达到60℃。

2．加入药物

（1）将化基质罐内处理好的基质用压缩空气压至栓剂配制罐中。

（2）将称量好的对乙酰氨基酚加入配制罐中，与基质搅拌均匀。

（3）开启压缩空气排出物料至灌装机的料斗中。

（二）质量控制要点

（1）外观　为乳白色至微黄色粘稠状液体。

（2）粒度　分散均匀无固体颗粒。

（3）粘稠度　均匀粘稠，色泽均匀。

三、清洁清场

按《操作间清洁标准操作规程》《油相罐清洁标准操作规程》对场地、设备、用具和容器进行清洁消毒，经QA人员检查合格，发《清场合格证》。

知识链接

栓剂的处方组成

栓剂的处方组成包括药物、基质和附加剂。

一、药物

栓剂中的药物加入后可溶于基质中，也可混悬于基质中。供制栓剂用的固体药物，除另有规定外，应预先用适宜的方法制成细粉，并全部通过六号筛。根据施用腔道和使用目的不同制成各种适宜的形状。

二、基质

对制备栓剂的基质的要求：①室温时具有适宜的硬度，当塞入腔道时不变形、不破碎。在体温下易软化、融化，能与体液混合和溶于体液；②具有润湿或乳化能力，水值较高；③不因晶形的软化而影响栓剂的成型；④基质的熔点与凝固点的间距不宜过大；⑤应用于冷压法及热熔法制备栓剂，且易于脱模。

基质不仅赋予药物成型，且影响药物的作用。局部作用要求释放缓慢而持久，全身作用要求引入腔道后迅速释药。

1．油脂性基质

油脂性基质的栓剂中，如药物为水溶性的，则药物能很快释放于体液中，机体作用较快；如药物为脂溶性的，则药物必须先从油相转入水相体液中，才能发挥作用。

（1）可可豆脂　可可豆脂为白色或淡黄色、脆性蜡状固体。有α、β、γ晶型，其中

以 β 型最稳定，熔点为 34℃。通常应缓缓升温加热待熔化至 2/3 时，停止加热，让余热使其全部熔化，以避免上述异物体的形成。

（2）半合成或全合成脂肪酸甘油酯　化学性质稳定，成型性能良好，具有保湿性和适宜的熔点，不易酸败，目前为取代天然油脂的较理想的栓剂基质。常用的有半合成椰油酯、半合成山苍油酯、半合成棕榈油酯。全合成脂肪酸甘油酯有硬脂酸丙二醇酯等。

2．水溶性与亲水性基质

（1）甘油明胶　本品系用明胶、甘油与水制成，具有弹性，不易折断，在体温时不熔融，但可缓缓溶于分泌液中，药物溶出速度可随水、明胶、甘油三者的比例不同而改变，甘油与水的含量越高越易溶解。

（2）聚乙二醇类　为一类由环氧乙烷聚合而成的杂链聚合物，易吸湿受潮变形。

三、附加剂

栓剂的处方中根据不同目的需加入一些附加剂。

（1）吸收促进剂　如氮酮、聚山梨酯-80 等。

（2）吸收阻滞剂　如海藻酸、羟丙甲基纤维素。

（3）增塑剂　聚山梨酯-80、甘油等。

（4）抗氧剂　如没食子酸、抗坏血酸等。

操作工序三　灌封（内包装）

一、准备工作

（一）生产人员

本工序生产人员应提前学习与本工序相关的技术文件，掌握本工序的操作要点。

生产人员的素质要求及进入洁净区的程序参见本子项目操作工序一。

（二）生产环境

本工序生产环境的要求按 GMP 有关 D 级洁净区的规定（2010 年版）执行，具体参见本项目操作工序一。

（三）任务文件

1．栓剂灌封岗位操作法

2．栓剂灌封设备标准操作规程

3．洁净区操作间清洁标准操作规程

4．栓剂机清洁标准操作规程

5．灌封生产前确认记录

6．灌封生产操作记录

（四）生产用物料

按批生产指令单中所列的物料，从上一道工序或物料间领取本工序所需物料备用。

（五）设施、设备

本工序所用生产设备主要为栓剂灌装封切机组，如图 2-5 所示。

图 2-5　栓剂灌装封切机组

栓剂灌装封切机组主要由栓剂制带机、栓剂灌注机、栓剂冷冻机和栓剂封口机等四部分组成，能自动完成栓剂的制壳、灌注、整形、冷却和剪切全部工序。该机组由 PLC 程序控制，工业人机界面操作，自动化程度高，其功能齐全，占地面积小。

栓剂灌装封切机组主要特点如下。

（1）采用 PLC 可编程控制和人机界面操作，操作简便，自动化程度高。

（2）适应性广，可灌注粘度较大的明胶基质和中药制品，可适应各种材料的卷材，如 PVC，PVC/PE，PVC/PVDC/PE。

（3）采用专用温度传感器和微计算机控制系统，可实现对模具的高精度恒温控制。

（4）采用电动机带动凸轮机构和气动机构相结合，每次送带制壳 3 粒。

（5）采用插入式直线灌注机构，定位准确，不滴药、不挂壁。

（6）储液桶容量大，设有恒温、搅拌装置。

（7）连续式冷却定型技术，采用了一端进一端出的八卦轨迹运动曲线，使灌注后的栓剂壳带得到充分的冷却定型，实现液固转化。

（8）封口部分采用三级预热，预热效果好。

（9）连续制带，连续封口，剪切粒数任意设置。

二、生产过程

（一）生产前准备

（1）检查操作间、工具、容器和设备等是否有清场合格标识，并核对是否在有效期内。否则按清场标准程序进行清场并经 QA 人员检查合格后，填写“清场合格证”，方可进入下一步操作。

（2）根据要求选择适宜的栓剂灌封设备——栓剂灌装封切机组，设备要有“合格”标牌，“已清洁”标牌，并对设备状况进行检查，确认设备正常，方可使用。

（3）检查水、电、气供应正常。

（4）上好模具，检查机器设备、加温、制冷和水压等无异常后，调整铝箔。空铝箔应平整，压纹清晰，前、后片上下、左右不错位，空泡上下、左右对齐不错位。

（5）按照包装指令调整批号、有效期，需专人核对。

（6）取 5 条空铝箔，计算一板空铝箔的重量，再加上所生产药物品种 6 枚的重量，得出灌装时每板的重量。根据每板重量控制灌装过程中的装量。

（7）调整好药液温度，开始灌装。检查装量合格后，再检查栓粒无断裂、花斑、气泡和外观等，符合要求后开始正式灌装。

（二）灌封操作

（1）接通电源总开关，检查所有功能开关应处于正常生产状态。

（2）打开搅拌开关，调整适当速度，调整循环水水温至工艺要求的温度。

（3）调整四块铝箔和循环水加热仪表，设置横封温度150～160℃，纵封温度150～170℃。

（4）将铝箔轻轻放在机器供料盘上，锁紧。旋开偏心胶辊，将铝箔从两轮中间穿过。

（5）从左至右将前后两条铝箔分别穿过各工位（切口、冲压、灌注、封口、压纹）夹在卡具上，旋紧偏心胶辊。

（6）待升温结束后可开车调整铝带，放下冲压工作螺栓，启动运转按钮，点动若干工作循环，然后将冲压工作螺栓旋至工作位置。

（7）开车运转，检查铝箔带的外观、密闭、批号、剪裁位置等情况，如有偏差，适当调整。

（8）装上注塞泵，紧定各螺栓、螺母，灌注针头，涂少量润滑基质后将其安装在灌注泵上，接通循环水。

（9）将料斗旋至灌封口相对应位置，用连接管加垫与灌注泵连接，并将料斗卡紧。

（10）空车运转确认无误后，打开落料阀门，开始灌装。

（11）检查药品灌注量，调节泵活塞。

（12）调整机器时必须停车。如有两人操作，必须协调好，避免发生事故。

（13）灌注完毕后关主机。继续运转冷却部分至全部药品输运完毕。

（14）关闭机器总开关，关闭水阀门。

（15）卸下针头、灌注泵、连接管和垫，用热水洗净待用。注意清洗、拆卸时轻拿轻放，严禁磕碰。

（三）质量控制要点

（1）栓剂外观　无断裂、花斑、气泡及杂色点。

（2）内包材　品名、规格、规定标识和包装带宽度差异等。

（3）装量　按照《中国药典》（2010年版）规定检测，应符合规定。

（4）封口　无空隙，产品批号清晰。

三、清洁清场

（1）撤掉运行状态标识，关闭设备电源及水、汽阀门。

（2）设备外表面及整个操作台面用含清洁剂的饮用水刷洗至无污迹后，用饮用水反复刷洗掉清洁剂，再用纯化水擦洗两遍，最后用75%乙醇擦洗。

（3）先拆下模具、出料管、灌装嘴，随后用清洁剂擦洗后，用饮用水反复冲洗掉清洁剂，再用纯化水冲洗两次，最后用75%乙醇擦洗消毒，晾干备用。

（4）拆下储料管的管路，随后用清洁剂擦洗后，用饮用水反复冲洗掉清洁剂，再用纯化水冲洗两次，最后用75%乙醇擦洗消毒，晾干备用。

（5）拆下储药罐，随后用清洁剂擦洗后，用饮用水反复冲洗掉清洁剂，再用纯化水冲洗两次，最后用75%乙醇擦洗消毒，晾干备用。

（6）清洁效果评价：目检设备表面光洁，无可见污迹，最后一遍的冲洗水应清澈无异物。

操作工序四　外　包　装

本工序要求按如下工艺参数进行操作。

（1）装小盒：每小盒内装2板栓剂，放1张产品说明书。

（2）装中盒：每10小盒为1中盒，封口。

（3）装箱：将封好的中盒装置于已封底的纸箱内，每10中盒为1箱，然后用封箱胶带封箱，打包带（2条/箱）。

其他要求可参见项目一中子项目一操作工序四。

知识链接

栓剂的作用及影响药物吸收的因素

一、栓剂的作用及其特点

1．局部作用

通常将润滑剂、收敛剂、局部麻醉剂、甾体激素以及抗菌药物制成栓剂，可在局部起通便、止痛、止痒、抗菌消炎等作用。例如用于通便的甘油栓和用于治疗阴道炎的洗必泰栓等均为局部作用的栓剂。

2．全身作用

栓剂的全身作用主要是通过直肠给药。栓剂引入直肠的深度愈小（距肛门处约2cm）药物在吸收时不经过肝脏的量愈多，一般为总给药量的50%～5%。此外，直肠淋巴系统对药物有很好的吸收。

栓剂作全身治疗与口服制剂比较，有如下特点：

（1）药物不受胃肠道酸碱度pH值或酶的破坏而失去活性。

（2）对胃粘膜有刺激性的药物可用直肠给药，可免受刺激。

（3）药物直肠吸收，不像口服药物那样受肝脏首过作用破坏。

（4）直肠吸收比口服干扰因素少。

（5）栓剂的作用时间比一般口服片剂长。

（6）对不能或者不愿吞服片、丸及胶囊的病人，尤其是婴儿和儿童可用此法给药。

（7）对伴有呕吐的患者的治疗为一有效途径。

栓剂给药的主要缺点是用药不如口服方便。栓剂生产成本比片剂、胶囊剂高，生产效率低。

以速释为目的的栓剂有中空栓剂和泡腾栓剂。

以缓释为目的的栓剂有渗透泵栓剂、微囊栓剂和凝胶栓剂。

既有速释又有缓释给药的栓剂有双层栓剂。

二、影响栓剂中药物吸收的因素

1．生理因素

（1）用药部位不同，影响药物的吸收与分布。距肛门约2cm处，则50%～75%的药物不经门肝系统，可避免首过作用。

（2）直肠液的pH值为7.4，且无缓冲能力。直肠液的pH值是由进入直肠的药物决定的。

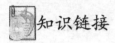

（3）直肠内无粪便存在有利于药物的吸收。药物在直肠保留时间越长，吸收越完全。

2．药物的理化性质

（1）溶解度：水溶性大的药物吸收较多，难溶性的药物可用其溶解度大的盐类或衍生物制成油溶性基质的栓剂。

（2）粒径：混悬型栓剂，药物的粒径小有利于吸收，因此应将药物微粉化。

（3）脂溶性与解离度：脂溶性好、不解离的药物最易吸收；弱酸性药物 pKa>4.3，弱碱性药物 pKa<8.5，吸收较快；但弱酸性药物 pKa<3，弱碱性药物 pKa>10 时则吸收慢；而药物的解离度与溶液的 pH 值有关，故降低酸性药物的 pH 值或升高碱性药物的 pH 值均可增加吸收速度。

3．基质与附加剂

全身作用的栓剂，要求药物在腔道内能从基质中迅速释放、扩散、吸收。实验证明，基质的溶解特性与药物相反时，有利于药物的释放，增加吸收。即水溶性药物选择油溶性基质；脂类或脂溶性药物选择水性基质，释药快，则吸收快。

另外，加入表面活性剂可促进吸收，不同的表面活性剂促进吸收的程度是不同的。如以乙酰水杨酸为模型药，以半合成的脂肪酸酯为基质，分别加入几种表面活性剂制成栓剂，由动物体内生物利用度数据证明，促进吸收的顺序为十二烷基硫酸钠（0.5%）>聚山梨酯-80>十二烷基硫酸钠（0.1%）>司盘 80>烟酸乙酯。

想一想

1．栓剂的作用方式分为哪几种？

2．影响栓剂中药物吸收的因素有哪些？

子项目二 泡腾栓剂的制备

子项目说明

泡腾栓剂系指利用酸碱产气原理，使药物加速释放的栓剂。本子项目在教学过程中，以聚维酮碘栓（图 2-6）为例进行制备过程学习。本药品收载于《中国药典》（2010 年版）二部。

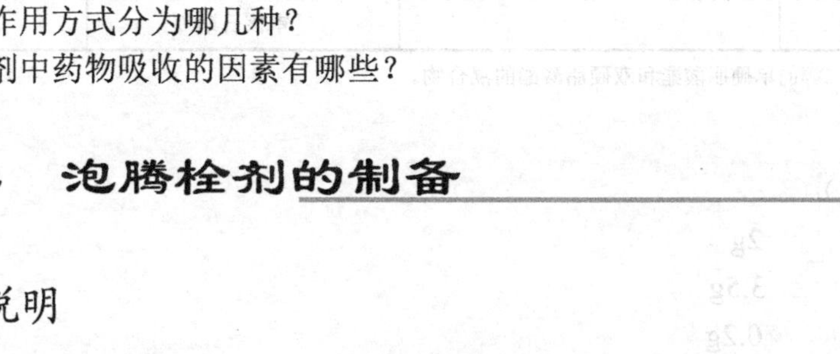

图 2-6 聚维酮碘栓

聚维酮碘栓为棕红色栓。本品每枚含主要成分聚维酮碘 0.2g，系妇科及痔疮用药非处方药药品。用于念珠菌性外阴阴道病、细菌性阴道病和混合感染性阴道炎，也可用于痔疮。

子项目教学环节

接受操作指令

聚维酮碘泡腾栓批生产指令单，见表2-4。

表 2-4　聚维酮碘泡腾栓批生产指令单

品　名	聚维酮碘泡腾栓	规　格	2g/枚
批　号		理论投料量	10 枚
采用的工艺规程名称		聚维酮碘泡腾栓工艺规程	
原辅料的批号和理论用量			
序　号	物料名称	批　号	理论用量/g
1	聚维酮碘		20
2	S-40①		35
3	枸橼酸		2
4	碳酸氢钠		2.5
生产结束日期	年　月　日		
制表人		制表日期	年　月　日
审核人		审核日期	年　月　日

① S-40 为聚乙二醇的单硬脂酸酯和双硬脂酸酯的混合物。

生产处方：
（每枚处方）

聚维酮碘　　2g
S-40　　3.5g
枸橼酸　　0.2g
碳酸氢钠　　0.25g

查阅操作依据

为更好地完成本项任务，可查阅《聚维酮碘栓工艺规程》《中国药典》（2010 年版）等与本项任务密切相关的文件资料。

制定操作工序

根据本品种的制备要求制定操作工序如下。

称量→配制→灌封（内包装）→外包装

每个工序由准备工作、生产过程、清洁清场等几部分组成。在操作过程中填写“泡腾栓剂的制备操作记录”（表 2-5）。

表 2-5 泡腾栓剂的制备操作记录

品 名	聚维酮碘栓	规 格 4g/枚	批 号
生产日期	年 月 日	房间编号	温度 ℃ 相对湿度 %
工艺步骤	工艺参数	操作记录	操作时间
1. 生产准备	设备是否完好正常 设备、容器、工具是否清洁 计量器具仪表是否校验合格	□是 □否 □是 □否 □是 □否	时 分～ 时 分
2. 称量	（1）按生产处方规定，称取各种物料，记录品名、用量 （2）称量过程中执行一人称量，一人复核制度 （3）处方如下： 聚维酮碘 2g S-40 3.5g 枸橼酸 0.2g 碳酸氢钠 0.25g	按生产处方规定，称取各种物料，记录如下： 物料名称 | 用量/g 聚维酮碘 | S-40 | 枸橼酸 | 碳酸氢钠 |	时 分～ 时 分
3. 配制与灌封	（1）根据工艺要求向化基质罐投入S-40。开启搅拌机开关，打开蒸气阀门对化基质罐进行加热，使内容物温度达到45℃ （2）将化基质罐内处理好的基质用压缩空气压至栓剂配制罐中 （3）将称量好的聚维酮碘、枸橼酸、碳酸氢钠加入配制罐中，与基质搅拌均匀。 （4）用栓剂灌装封切机组进行灌封操作，设置栓剂主药重量4g/枚 （5）在灌封操作过程中进行装量检查。	（1）化基质温度/℃： （2）栓剂灌装封切机组型号： （3）灌封后产品数量：	时 分～ 时 分
4. 装量检查	应填充量 g；实际重量： g 称量时间 | | | | | | | | | | 重量/g | | | | | | | | | |		时 分～ 时 分
5. 外包装	（1）装小盒：每小盒内装2板栓剂，放1张产品说明书 （2）装中盒：每10小盒为1中盒，封口 （3）装箱：将封好的中盒装置于已封底的纸箱内，每10中盒为1箱，然后用封箱胶带封箱，打包带（2条/箱）	（1）装小盒：每小盒内装 板栓剂，放一张产品说明书 （2）装中盒：每 小盒为1中盒，封口 （3）装箱：将封好的中盒装置于已封底的纸箱内，每 中盒为1箱，然后用封箱胶带封箱，打包带（ 条/箱）	时 分～ 时 分
6. 清场	（1）生产结束后将物料全部清理，并定置放置 （2）撤除本批生产状态标识。 （3）使用过的设备、容器及工具应清洁，无异物并实行定置管理 （4）设备内外尤其是接触药品的部位要清洁，做到无油污，无异物 （5）地面，墙壁应清洁，门窗及附属设备无积灰，无异物 （6）不留本批产品的生产记录及本批生产指令书面文件	QA人员检查确认 □合格 □不合格	时 分～ 时 分
备 注			
操作人	复核人	QA人员	

确定工艺参数（请学生在进行操作前确定下列关键工艺参数）

（1）固体物料粉碎细度________目。
（2）化基质温度________℃。
（3）混合、搅拌时间________min。
（4）纵封温度________℃、横封温度________℃。

实施操作过程

操作工序一 称 量

一、准备工作

本子项目中按照生产指令要求准备聚维酮碘、S-40、枸橼酸、碳酸氢钠等物料，其他具体要求参见本项目中子项目一操作工序一。

二、生产过程

（一）生产操作

（1）根据批生产指令单填写领料单，从备料间领取聚维酮碘、S-40、枸橼酸和碳酸氢钠等物料，并核对品名、批号、规格、数量和质量无误后，进行下一步操作。

（2）按“批生产指令单”《XK3190-A12E 台秤标准操作规程》进行称量。

（3）完成称量任务后，按《XK3190-A12E 台秤标准操作规程》关停电子秤。

（4）将所称量物料装入洁净的容器中，转入下一工序，并按批生产记录管理制度及时填写生产记录。

（5）将配料所剩的尾料收集，标明状态，交中间站，并填写好生产记录。

（6）有异常情况，应及时报告管理人员，并按规定程序进行处理。

（二）质量控制要点

（1）物料标识　符合 GMP 要求。

（2）性状　符合药品标准规定。

（3）检验合格报告单　有检验合格报告单。

（4）数量　核对准确。

三、清洁清场

（1）将物料用干净的不锈钢桶盛放，密封，容器内外均附上状态标识，备用。转入下道工序。

（2）按 D 级洁净区清洁消毒程序清理工作现场、工具、容器具和设备，并请 QA 人员检查，合格后发给“清场合格证”，将“清洁合格证”挂贴于操作室门上，作为后续产品开工凭证。

（3）撤掉运行状态标识，挂清场合格标识，按清洁程序清理现场。

（4）及时填写“批生产记录”“设备运行记录”“交接班记录”等，并复核、检查记录是否有漏记或错记现象。复核中间产品检验结果是否在规定范围内，检查记录中各项是否有偏差发生，如果发生偏差则按《生产过程偏差处理规程》操作。

（5）关好水、电开关及门，按进入程序的相反程序退出。

操作工序二　配　　制

一、准备工作

（一）生产人员

本工序生产人员应提前学习与本工序相关的技术文件，掌握本工序的操作要点。

生产人员的素质要求及进入洁净区的程序参见子项目一操作工序一。

（二）生产环境

本工序生产环境的要求按 GMP（2010 年版）有关 D 级洁净区的规定执行，具体要求参见子项目 1 操作工序一。

（三）生产文件

1．批生产指令单

2．配制岗位标准操作规程

3．化基质罐及配制罐标准操作规程

4．化基质罐及配制罐清洁消毒标准操作规程

5．配制岗位清场标准操作规程

6．配制岗位生产前确认记录

7．配制工序操作记录

（四）生产用物料

本工序生产用物料为称量工序按生产指令单要求称量后的聚维酮碘、S-40、枸橼酸和碳酸氢钠，操作人员到中间站或称量工序领取，领取过程按规定办理物料交接手续。

（五）设施、设备

（1）检查操作间、工具、容器和设备等是否有清场合格标识，并核对是否在有效期内。否则按清场标准程序进行清场并经 QA 人员检查合格后，填写清场合格证，方可进入下一步操作；

（2）根据要求选择适宜的栓剂配制设备——化基质罐（图 2-3）和栓剂配制罐（图 2-4）。设备要有“合格”标牌，“已清洁”标牌，并对设备状况进行检查，确认设备正常，方可使用。

（3）检查水、电供应正常，开启纯化水阀放水 10min。

（4）检查配制容器、用具是否清洁干燥，必要时用 75%乙醇溶液对化基质罐、配制罐及其他配制容器、配制用具进行消毒。

（5）根据“批生产指令单”填写领料单，从备料称量间领取原、辅料，并核对品名、批号、规格、数量和质量，无误后进行下一步操作。

（6）操作前检查加热、搅拌、真空是否正常，关闭油相罐底部阀门，打开真空泵冷却水阀门。

(7) 挂本次运行状态标识，进入配制操作。

二、生产过程

(一) 生产操作

1. 制备基质

(1) 检查化基质罐内外有无异物，设备处于正常状态。

(2) 根据工艺要求向化基质罐投入 S-40。开启搅拌机开关，打开蒸气阀门对化基质罐进行加热，使内容物温度达到 45℃。

2. 加入药物及泡腾剂

(1) 将化基质罐内处理好的基质用压缩空气压至栓剂配制罐中。

(2) 将称量好的药物及泡腾剂配制罐中，与基质搅拌均匀。

3. 物料转移

开启压缩空气排出物料至灌装机的料斗中。

(二) 质量控制要点

(1) 外观：为棕红色粘稠状液体。

(2) 粒度：分散均匀，无固体颗粒。

(3) 粘稠度：均匀粘稠，色泽均匀。

三、清洁清场

(1) 往化基质罐及配制罐加入 1/3 罐容积的热水，浸泡、搅拌、冲洗 5min，排除污水，再加入适量的热水和洗洁精，用毛刷从上到下清洗罐壁及搅拌桨、温度探头等处（尤其注意罐底放料口的清洗），直至无可见残留物。

(2) 将不锈钢连接管拆下，把两端带长绳子的小毛刷塞入管中，用水冲到另一端；两人分别在管的两端拉住绳子，加入热水和洗洁精，来回拉动绳子刷洗管内壁，然后倒出污水后再加入纯化水重复操作两次，直至排水澄清、无异物。

(3) 分别用纯化水淋洗化基质罐及配制罐的不锈钢连接管两次。

(4) 用 75%乙醇溶液仔细擦拭罐内部和罐盖，消毒后将化基质罐及配制罐盖好。

(5) 用毛巾将罐外部从上到下仔细擦洗，尤其注意阀门及相连电线套管、水管等处的死角，毛巾应单向擦拭，并每擦约 $1m^2$ 清洗一次。

操作工序三　灌封（内包装）

一、准备工作

(一) 生产人员

本工序生产人员应提前学习与本工序相关的技术文件，掌握本工序的操作要点。

生产人员的素质要求及进入洁净区的程序参见本子项目操作工序一。

（二）生产环境

本工序生产环境的要求按 GMP（2010 年版）有关 D 级洁净区的规定执行，具体参见本项目操作工序一。

（三）任务文件

1．栓剂灌封岗位操作法
2．栓剂灌封设备标准操作规程
3．洁净区操作间清洁标准操作规程
4．栓剂机清洁标准操作规程
5．灌封生产前确认记录
6．灌封生产操作记录

（四）生产用物料

按批生产指令单中所列的物料，从上一工序或物料间领取本工序所需物料备用。

（五）设施、设备

本工序所用生产设备主要为栓剂灌装封切机组，如图 2-5 所示。

二、生产过程

（一）生产前准备

（1）检查操作间、工具、容器和设备等是否有清场合格标识，并核对是否在有效期内。否则按清场标准程序进行清场并经 QA 人员检查合格后，填写“清场合格证”，方可进入下一步操作

（2）根据要求选择适宜的栓剂灌封设备——栓剂自动灌装封切机组（图 2-5），设备要有“合格”标牌和“已清洁”标牌，并对设备状况进行检查，确认设备正常，方可使用；

（3）检查水、电、气供应正常；

（4）上好模具，检查机器设备、加温、制冷、水压等无异常后，调整铝箔。空铝箔应平整，压纹清晰，前、后片上下、左右不错位，空泡上下、左右对齐不错位。

（5）按照包装指令调整批号、有效期，需专人核对。

（6）取 5 条空铝箔。计算一板空铝箔的重量，再加上所生产品种制剂六粒的重量，得出灌装时每板的重量，根据每板重量控制灌装过程中的装量。

（7）调整好药液温度，开始灌装，检查装量合格后，检查栓粒无断裂、花斑、气泡以及外观等，符合要求后开始正式灌装。

（二）灌封操作

（1）接通电源总开关，检查所有功能开关应处于正常生产状态。

（2）打开搅拌开关，调整适当速度，调整循环水水温至工艺要求温度。

（3）调整四块铝箔和循环水加热仪表，设置横封温度 150～160℃，纵封温度 150～170℃。

（4）将铝箔轻轻放在机器供料盘上，锁紧。旋开偏心胶辊，将铝箔从两轮中间穿过。

（5）从左至右将前后两条铝箔分别穿过各工位（切口、冲压、灌注、封口、压纹）夹在卡具上，旋紧偏心胶辊。

（6）待升温结束后可开车调整铝带，放下冲压工作螺栓，启动运转按钮，点动若干工作循环，然后将冲压工作螺栓旋至工作位置。

（7）开车运转，检查铝箔带的外观、密闭、批号、剪裁位置等情况，如有偏差，适当调整。

（8）装上注塞泵，紧定各螺栓、螺母，灌注针头，涂少量润滑基质后将其安装在灌注泵上，接通循环水。

（9）将料斗旋至灌封口相对应位置，用连接管加垫与灌注泵连接，并将料斗卡紧。

（10）空车运转确认无误后，打开落料阀门，开始灌装。

（11）检查药品灌注量，调节泵活塞。

（12）调整机器时必须停车，如有两人操作，必须协调好，避免发生事故。

（13）灌注完毕后关主机，继续运转冷却部分至全部药品输运完毕。

（14）关闭机器总开关，关闭水阀门。

（15）卸下针头，灌注泵，连接管、垫，用热水洗净待用，注意清洗，拆卸时轻拿放。严禁磕碰。

（三）质量控制要点

（1）栓剂外观：无断裂、花斑、气泡及杂色点。

（2）内包材：品名、规格、规定标识、包装带宽度差异等符合要求。

（3）装量：按照《中国药典》（2010年版）规定检测，应符合规定。

（4）封口：无空隙，产品批号清晰。

三、清洁清场

（1）撤掉运行状态标识，关闭设备电源及水、汽阀门。

（2）设备外表面及整个操作台面用含清洁剂的饮用水刷洗至无污迹后，用饮用水反复刷洗掉清洁剂，再用纯化水擦洗两遍，最后用75%乙醇擦洗。

（3）先拆下模具、出料管、灌装嘴，随后用清洁剂擦洗后，用饮用水反复冲洗掉清洁剂，再用纯化水冲洗两次，最后用75%乙醇擦洗消毒，晾干备用。

（4）拆下贮料管的管路，随后用清洁剂擦洗后，用饮用水反复冲洗掉清洁剂，再用纯化水冲洗两次，最后用75%乙醇擦洗消毒，晾干备用。

（5）拆下储药罐，随后用清洁剂擦洗后，用饮用水反复冲洗掉清洁剂，再用纯化水冲洗两次，最后用75%乙醇擦洗消毒，晾干备用。

操作工序四　外　包　装

本工序要求按如下工艺参数进行操作。

（1）装小盒：每小盒内装2板栓剂，放1张产品说明书。

（2）装中盒：每10小盒为1中盒，封口。

（3）装箱：将封好的中盒装置于已封底的纸箱内，每10中盒为1箱，然后用封箱胶带封箱，打包带（2条/箱）。

其他要求可参见项目一中子项目一操作工序四。

知识链接

栓剂的制备

一、栓剂药物的加入方法

1．不溶性药物

除特殊要求外，一般应粉碎成细粉，过六号筛，再与基质混匀。

2．油溶性药物

可直接溶解于已熔化的油脂性基质中。若药物用量大而降低基质的熔点或使栓剂过软，可加适量鲸蜡调节；或以适量乙醇溶解加入到水溶性基质中；或加乳化剂。

3．水溶性药物

可直接与已熔化的水溶性基质混匀；或用适量羊毛脂吸收后，与油脂性基质混匀；或将提取浓缩液制成干浸膏粉，直接与已熔化的油脂性基质混匀。

二、置换价的含义与计算

1．栓剂制备中基质用量的确定

通常情况下栓剂模型的容量是固定的，但它会因基质或药物密度的不同可容纳不同的重量。而一般的栓剂模型容纳重量是指以可可豆脂为代表的基质重量，加入药物后会占有一定体积，特别是不溶于基质的药物。为保持栓剂原有体积，就需要引入置换价的概念。

2．置换价（displacement value，DV）

系指药物的重量与同体积基质的重量之比值，也称为该药物对基质的置换值。不同栓剂的处方，用同一种模具所制得的栓剂体积是相同的，但其重量则随基质与药物密度的不同而变化。根据置换价可以对药物置换基质的重量进行计算，置换价的计算公式为

$$DV=\frac{W}{G-(M-W)}$$

式中，G 为纯基质平均栓重；M 为含药栓剂的平均重量；W 为每个栓剂的平均含药重量，$M-W$ 即为含药栓中基质的重量；$G-(M-W)$ 为纯基质与含药栓中基质重量之差，也就是药物同体积的基质的重量。

制备每粒栓剂所需基质的理论用量

$$X=G-W/DV$$

式中，G 为空白栓重；W 为每个栓中主药重；f 为置换价。

例如，制备鞣酸栓剂，已知每粒含鞣酸 0.2g，空白栓重 2g，鞣酸的置换价为 1.6，则每粒鞣酸栓剂所需的可可豆脂理论用量

$$X=(2-0.2/1.6)\text{ g}=1.875\text{g}$$

实际操作中还应增补操作过程中的损耗。

三、栓剂的制备方法

一般有冷压法、热熔法和搓捏法三种，可按基质的不同而选择。

1．冷压法

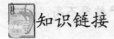

主要用于油脂性基质栓剂。方法是先将基质磨碎或挫成粉末，再与主药混合均匀，装于压栓机栓剂模型的圆桶内，通过水压或手动或手动螺旋活塞挤压成型。冷压法避免了加

热对主药或基质稳定性的影响，不溶性药物也不会在基质中沉降，但生产效率不高，成品中往往夹带空气而不易控制栓重。

2．热熔法

热熔法应用较广泛，现均已采用自动化操作来完成。将计算称量的基质在水浴上加热熔化，然后将药物粉末与等重已熔融的基质研磨混合均匀，最后再将全部基质加入并混匀，倾入涂有润滑剂的模孔中至稍溢出模口为宜，冷却，待完全凝固后，用刀片切去溢出部分。开启模具，将栓剂推出包装即得。为避免过热，一般在基质熔融达 2/3 时即停止加热，适当搅拌。熔融的混合物在注模时应迅速，并一次注完，以免发生液流或液层凝固。小量生产采用手工灌模方法，大量生产采用自动化机械操作。

热熔法制备栓剂过程中药物的处理与混合应注意的问题：①难溶性固体药物，一般应先粉碎成细粉（过六号筛），混悬于基质中；②油溶性药物，可直接溶解于已熔化的油脂性基质中；③水溶性药物，可直接与已熔化的水溶性基质混匀；或用适量羊毛脂吸收后，与油脂性基质混匀；④能使基质熔点降低或使栓剂过软的药物在制备时，可酌加熔点较高的物质，如蜂蜡予以调整。

栓剂模孔需用润滑剂润滑，以便于冷凝后取出栓剂。常用的有二类润滑剂：①油脂性基质的栓剂常用肥皂、甘油各一份与90%乙醇五份制成的醇溶液；②水溶性或亲水性基质的栓剂常用油性润滑剂，如液状石蜡、植物油等。有的基质不黏模，如可可豆脂或聚乙二醇类，可不用润滑剂。

3．搓捏法

取药物置乳钵中（如为干燥品须先研成细粉，如为浸膏粉应先用少量适宜的液体使之软化），加入等量的基质研匀后，缓缓加入剩余的基质，随加随研，使其成均匀的可塑团块。必要时可加适量的植物油或羊毛脂以增加可塑性。然后置于瓷板上，用手隔纸揉搓，轻轻加压转动，转成圆柱体，再按需要量分割成若干等分，搓捏成适当的形状。此法适用于小量临时制备的制品，所得制品的外形往往不一致，不美观。

四、栓剂的生产工艺流程及常用设备

1．栓剂的生产工艺流程

热熔法制备栓剂的工艺流程图，如图 2-7 所示。

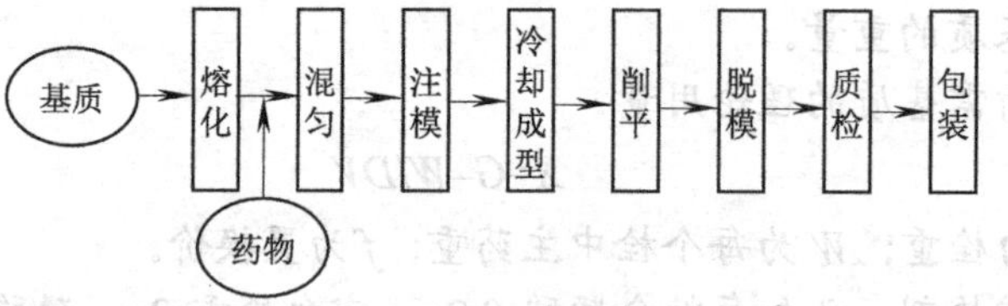

图 2-7　热熔法制备栓剂的工艺流程图

2．栓剂的生产设备

（1）实验室制备栓剂用栓模，如图 2-8 所示。

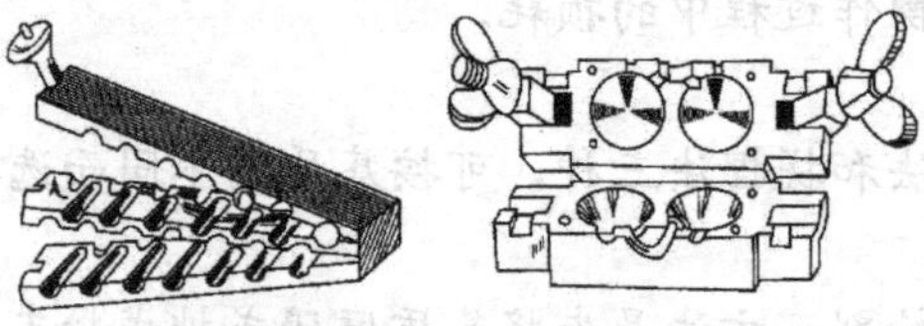

a）直肠栓栓模　　b）阴道栓栓模

图 2-8　实验室用栓模

（2）工业生产用栓剂灌装封切机组，如图 2-5 所示。

想一想

1．栓剂药物的加入方法有哪些？

2．栓剂的制备方法有几种？

3．栓剂中引入置换价 *DV* 的概念有何意义？

综合练习题

一、单项选择题

1．下列对栓剂基质要求不正确的是（　　）。

A．在体温下保持一定的硬度　　B．不影响主药的作用

C．不影响主药的含量测量　　D．与制备方法相适宜

E．水值较高，能混入较多的水

2．将脂溶性药物制成起效迅速的栓剂应选用（　　）。

A．可可豆脂　　B．半合成山苍子油脂　　C．半合成椰子油脂

D．聚乙二醇　　E．半合成棕榈油脂

3．甘油明胶作为水溶性亲水基质正确的是（　　）。

A．在体温时熔融　　B．药物的溶出与基质的比例无关

C．基质一般用量时明胶与甘油等量　　D．甘油与水的含量越高成品质量越好

E．常作为肛门栓的基质

4．制成栓剂后，夏天不软化，但易吸潮的基质是（　　）。

A．甘油明胶　　B．聚乙二醇

C．半合成山苍子油脂　　D．香果脂

E．吐温 61

5．油脂性基质栓剂的润滑剂是（　　）。

A．液状石蜡　　B．植物油　　C．甘油、乙醇　　D．肥皂

E．软肥皂、甘油、乙醇

6．水溶性基质栓全部溶解的时间应在（　　）。

A．20min　　B．30min　　C．40min　　D．50min

E．60min

7．油脂性基质栓全部融化、软化，或触无硬心的时间应在（　　）。

A．20min　　B．30min　　C．40min　　D．50min

E．60min

8．下列关于栓剂基质的要求，叙述错误的是（　　）。

A．具有适宜的稠度、粘着性、涂展性

B．无毒、无刺激性、无过敏性

C．水值较高，能混入较多的水

D．与主药无配伍禁忌

E．在室温下应有适宜的硬度，塞入腔道时不变形亦不破裂，在体温下易软化、熔化或溶解

9．鞣酸制成栓剂不宜选用的基质为（　　）。

A．可可豆脂　　B．半合成椰子油酯

C．甘油明胶　　D．半合成山苍子油脂

E．混合脂肪酸甘油酯

10．下列栓剂基质中，具有同质多晶型的是（　　）。

A．半合成山苍子油脂　　B．可可豆脂

C．半合成棕榈油脂　　D．吐温 61

E．聚乙二醇 4000

11．鞣酸栓剂，每粒含鞣酸 0.2g，空白栓重 2g，已知鞣酸置换价为 1.6，则每粒鞣酸栓剂所需可可豆脂理论用量为（　　）。

A．1.355g　　B．1.475g　　C．1.700g　　D．1.875g

E．2.000g

12．以聚乙二醇为基质的栓剂选用的润滑剂是（　　）

A．肥皂　　B．甘油　　C．水　　D．液状石蜡

E．乙醇

13．在制备栓剂中，不溶性药物一般应挫成细粉，用（　　）过滤。

A．5 号筛　　B．6 号筛　　C．7 号筛　　D．8 号筛

E．9 号筛

14．下列关于栓剂的描述，错误的是（　　）。

A．可发挥局部与全身治疗作用

B．制备栓剂可用冷压法

C．栓剂应无刺激，并有适宜的硬度

D．可以使全部药物避免肝的首过效应

E．吐温 61 为其基质

15．聚乙二醇作为栓剂的基质，叙述错误的是（　　）。

A．多以两种或两种以上不同分子量的聚乙二醇合用

B．用热熔法制备

C．遇体温熔化

D．对直肠粘膜有刺激

E．易吸潮变形

二、多项选择题

1．影响栓剂中药物吸收的因素有（　　）。

A．塞入直肠的深度　　B．直肠液的酸碱性

C．药物的溶解度　　D．药物的粒径大小

E．药物的脂溶性

2．栓剂基质的要求有（　　）。
A．有适当的硬度　　B．熔点与凝固点应相差很大
C．具润湿与乳化能力　　D．水值较高，能混入较多的水
E．不影响主药的含量测定
3．栓剂具有（　　）特点。
A．常温下为固体，纳入腔道迅速熔融或溶解
B．可产生局部和全身治疗作用
C．不受胃肠道 pH 值或酶的破坏
D．不受肝脏首过效应的影响
E．适用于不能或者不愿口服给药的患者
4．可可豆脂在使用时应（　　）。
A．加热至 36℃后再凝固
B．缓缓升温加热熔化 2/3 后停止加热
C．在熔化的可可豆脂中加入少量稳定晶型
D．熔化凝固时，将温度控制在 28～32℃
E．与药物的水溶液混合时，可加适量亲水性乳化剂制成 W/O 乳剂型基质
5．栓剂中油溶性药物加入的方法有（　　）。
A．直接加入熔化的油脂性基质中
B．以适量的乙醇溶解加入水溶性基质中
C．加乳化剂
D．若用量过大，可加适量蜂蜡、鲸蜡调节
E．用适量羊毛脂混合后，再与基质混匀
6．用热熔法制备栓剂的过程包括（　　）。
A．涂润滑剂　B．熔化基质　C．加入药物　D．涂布
E．冷却、脱模
7．下列（　　）为栓剂的主要吸收途径。
A．直肠下静脉和肛门静脉—肝脏—大循环
B．直肠上静脉—门静脉—肝脏—大循环
C．直肠淋巴系统
D．直肠上静脉—髂内静脉—大循环
E．直肠下静脉和肛门静脉—髂内静脉—下腔静脉—大循环
8．下列（　　）能作为栓剂的基质。
A．羧甲基纤维素　　B．石蜡
C．可可豆脂　　D．聚乙二醇类
E．半合成脂肪酸甘油酯类
9．下列关于栓剂制备的叙述，正确的为（　　）。
A．水溶性药物，可用适量羊毛脂吸收后，与油脂性基质混匀
B．水溶性提取液，可制成干浸膏粉后再与熔化的油脂性基质混匀
C．油脂性基质的栓剂常用植物油为润滑剂
D．水溶性基质的栓剂常用肥皂、甘油、乙醇的混合液为润滑剂

E. 不溶性药物一般应粉碎成细粉，过五号筛，再与基质混匀

10. 栓剂的制备方法有（　　）。

A. 研和法　B. 搓捏法　C. 冷压法　D. 热熔法

E. 乳化法

11. 栓剂的质量要求包括（　　）。

A. 外观检查　B. 重量差异　C. 融变时限　D. 耐热试验

E. 耐寒试验

12. 聚乙二醇作为栓剂的基质，其特点有（　　）。

A. 相对分子质量 1000，熔点 38～42℃

B. 多为两种或两种以上不同相对分子质量的聚乙二醇合用

C. 对直肠有刺激

D. 制成的栓剂夏天易软化

E. 制成的栓剂易吸湿受潮变形

13. 栓剂与软膏剂在质量检查项目中的不同点为（　　）。

A. 外观　B. 融变时限　C. 稠度　D. 酸碱度

E. 水值

14. 以甘油、明胶为基质的栓剂，具备（　　）特点。

A. 具有弹性，不易折断　B. 阴道栓常用基质

C. 适用于鞣酸等药物　D. 体温时熔融

E. 药物溶出速度可由明胶、水、甘油三者的比例调节

项目三　丸剂的制备

项目说明

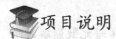

本项目按照操作先后顺序共分称量、预处理（粉碎与过筛）、总混、炼蜜、制丸块、制丸、内包装、外包装八个工序，每个工序由准备工作、生产过程、清洁清场等几部分组成。在完成各任务过程中需要参考相应的岗位标准操作程序（SOP）及设备的标准操作程序（SOP），因操作随设备的不同而不同，相应的 SOP 另行提供。本项目要求制备的丸剂符合《中国药典》（2010 年版）的要求。

知识链接

认识丸剂

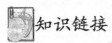

丸剂系指药材细粉或药材提取物加适宜的黏合剂或其他辅料制成的球形或类球形制剂。

1．丸剂的特点

丸剂与汤剂相比，吸收较慢，药效持久，节省药材，体积较小，便于携带与服用。适用于慢性、虚弱性疾病，如六味地黄丸、香砂六君丸等；也有取峻药缓治而用丸剂的，如十枣丸等；还有因方剂中含较多芳香走窜药物，不宜入汤剂煎煮而制成丸剂的，如安宫牛黄丸、苏合香丸等。

2．丸剂的分类

丸剂分为蜜丸、水蜜丸、水丸、糊丸、蜡丸和浓缩丸等类型。

（1）蜜丸　系指药材细粉以蜂蜜为黏合剂制成的丸剂。其中每丸重量在 0.5g（含 0.5g）以上的称大蜜丸，每丸重量在 0.5g 以下的称小蜜丸。

（2）水蜜丸　系指药材细粉以蜂蜜和水为黏合剂制成的丸剂。

（3）水丸　系指药材细粉以水（或根据制法用黄酒、醋、稀药汁和糖液等）为黏合剂制成的丸剂。

（4）糊丸　系指药材细粉以米粉、米糊或面糊等为黏合剂制成的丸剂。

（5）蜡丸　系指药材细粉以蜂蜡为黏合剂制成的丸剂。

（6）浓缩丸　系指药材或部分药材提取浓缩后，与适宜的辅料或其余药材细粉，以水、蜂蜜或蜂蜜和水为黏合剂制成的丸剂。根据所用黏合剂的不同，分为浓缩水丸、浓缩蜜丸和浓缩水蜜丸。

3．丸剂的质量要求

（1）性状　丸剂外观应圆整均匀，色泽一致。大蜜丸和小蜜丸应细腻滋润、软硬适中；蜡丸表面应光滑无裂纹，丸内不得有蜡点与颗粒。

（2）水分　除另有规定外，大蜜丸、小蜜丸和浓缩蜜丸中含水分不得超过 15.0%；水蜜丸、浓缩水蜜丸不得超过 12.0%；水丸、糊丸和浓缩丸不得超过 9.0%；微丸按所属丸剂类型的规定制定；蜡丸不检查水分。

（3）重量差异、装量差异和装量　按丸数服用的丸剂、按重量服用的丸剂要作重量差异检查，单剂量包装的丸剂要做装量差异检查，装量以重量标示的多剂量包装丸剂按照最低装量检查法检查。重量差异、装量差异和装量均应符合《中国药典》（2010 年版）附录 IA 的规定。

（4）溶散时限　除大蜜丸和蜡丸外，其他丸剂均应做溶散时限检查（蜡丸做崩解时限检查），并符合《中国药典》（2010 年版）附录 XII　A 的相关规定。

（5）微生物限度　不含原药材粉的丸剂，细菌数不得超过 1000 个/g，霉菌、酵母菌数不得超过 100 个/g；含原药材的丸剂，细菌数不得超过 3000 个/g，霉菌、酵母菌数不得超过 100 个/g。各种丸剂均不得检出大肠杆菌。

学习目标

（1）了解丸剂的概念、特点和质量要求，理解其制备方法及影响因素。
（2）熟悉丸剂辅料的处理要求与选用。
（3）了解 GMP 对丸剂生产的管理要点。
（4）会使用丸剂生产所到设备。
（5）能按指令执行典型标准操作规程，完成实训任务，并正确填写实训操作记录。
（6）能在实训过程正确完成中间产品的质量监控。
（7）能按 GMP 要求完成实训后的清场操作。

项目教学环节

本项目在教学过程中，以黄连上清丸（图 3-1）为例进行制备过程学习。本药品收载于《中国药典》（2010 年版）一部。

黄连上清丸属于国家基本药物目录中收录的药物，处方中含有黄连、栀子（姜制）、连翘、炒蔓荆子、防风、荆芥穗、白芷、黄芩、菊花、薄荷、酒大黄、黄柏（酒炒）、桔梗、川芎、石膏、旋覆花、甘草等十七味中药。用于清热通便，散风止痛；上焦风热，头晕脑胀，牙龈肿痛，口舌生疮，咽喉红肿，耳痛耳鸣，暴发火眼，大便干燥，小便黄赤。

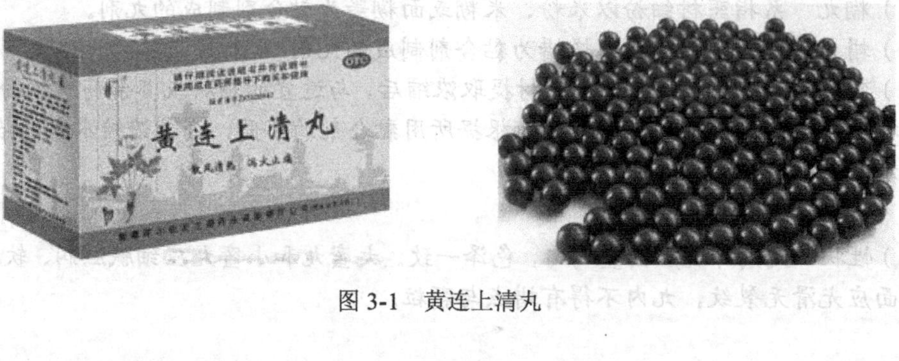

图 3-1　黄连上清丸

接受操作指令

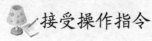

黄连上清丸批生产指令单见表 3-1。

表 3-1 黄连上清丸批生产指令单

品　　名	黄连上清丸	规　　格	6g/丸
批号		理论投料量	10000 丸
采用的工艺规程名称		黄连上清丸工艺规程	
原辅料的批号和理论用量			
序号	物料名称	批号	理论用量/kg
1	黄连		0.2
2	栀子（姜制）		1.6
3	连翘		1.6
4	炒蔓荆子		1.6
5	防风		0.8
6	荆芥穗		1.6
7	白芷		1.6
8	黄芩		1.6
9	菊花		3.2
10	薄荷		0.8
11	酒大黄		6.4
12	黄柏（酒炒）		0.8
13	桔梗		1.6
14	川芎		0.8
15	石膏		0.8
16	旋覆花		0.4
17	甘草		0.8
18	蜂蜜		42
生产开始日期	年　月　日	生产结束日期	年　月　日
制表人		制表日期	年　月　日
审核人		审核日期	年　月　日

生产处方：

（10000 丸处方）

黄连	0.2kg	栀子（姜制）	1.6kg
连翘	1.6kg	炒蔓荆子	1.6g
防风	0.8kg	荆芥穗	1.6kg
白芷	1.6kg	黄芩	1.6kg
菊花	3.2kg	薄荷	0.8kg
酒大黄	6.4kg	黄柏（酒炒）	0.8kg
桔梗	1.6kg	川芎	0.8kg
石膏	0.8kg	旋覆花	0.4kg
甘草	0.8kg	蜂蜜	42kg

查阅操作依据

为更好地完成本项任务，可查阅《黄连上清丸工艺规程》《中国药典》（2010 年版）等与本项任务密切相关的文件资料。

制定操作工序

根据本品种的制备要求制定操作工序如下。

称量→预处理（粉碎与过筛）→总混→炼蜜→制丸块→制丸→内包装→外包装

每个工序由准备工作、生产过程、清洁清场等几部分组成。在操作过程中填写丸剂的制备操作记录，见表 3-2。

确定工艺参数（请学生在进行操作前确定下列关键工艺参数）

（1）黄连、栀子（姜制）、连翘、炒蔓荆子、防风、荆芥穗、白芷、黄芩、菊花、薄荷、酒大黄、黄柏（酒炒）、桔梗、川芎、石膏、旋覆花、甘草粉碎过筛目数：________目。

（2）炼蜜温度：________℃。

（3）混合时炼蜜温度：________℃。

（4）丸重：________g。

表 3-2 丸剂的制备操作记录

<table>
<tr><td>品 名</td><td>黄连上清丸</td><td>规 格</td><td>4mg/丸</td><td colspan="2">批 号</td><td colspan="2"></td></tr>
<tr><td>生产日期</td><td>年 月 日</td><td>房间编号</td><td></td><td>温度</td><td>℃</td><td>相对湿度</td><td>%</td></tr>
<tr><td>操作步骤</td><td colspan="2">工 艺 参 数</td><td colspan="4">操 作 记 录</td><td>操 作 时 间</td></tr>
<tr><td rowspan="3">1. 生产准备</td><td colspan="2">设备是否完好正常</td><td colspan="4">□是 □否</td><td rowspan="3">时 分～ 时 分</td></tr>
<tr><td colspan="2">设备、容器、工具是否清洁</td><td colspan="4">□是 □否</td></tr>
<tr><td colspan="2">计量器具仪表是否校验合格</td><td colspan="4">□是 □否</td></tr>
<tr><td rowspan="11">2. 称量</td><td colspan="2" rowspan="11">（1）生产处方规定，称取各种物料，记录品名、用量
（2）称量过程中执行一人称量，一人复核制度
（3）处方如下：
（处方）
黄连 0.2kg 栀子（姜制） 1.6kg
连翘 1.6kg 炒蔓荆子 1.6g
防风 0.8kg 荆芥穗 1.6kg
白芷 1.6kg 黄芩 1.6kg
菊花 3.2kg 薄荷 0.8kg
酒大黄 6.4kg 黄柏（酒炒） 0.8kg
桔梗 1.6kg 川芎 0.8kg
石膏 0.8kg 旋覆花 0.4kg
甘草 0.8kg 蜂蜜 42kg
制成 10000 丸</td><td colspan="4">按生产处方规定，称取各种物料，记录如下：</td><td rowspan="11">时 分～ 时 分</td></tr>
<tr><td>物料名称</td><td>用量/kg</td><td>物料名称</td><td>用量/kg</td></tr>
<tr><td>黄连</td><td></td><td>栀子(姜制)</td><td></td></tr>
<tr><td>连翘</td><td></td><td>炒蔓荆子</td><td></td></tr>
<tr><td>防风</td><td></td><td>荆芥穗</td><td></td></tr>
<tr><td>白芷</td><td></td><td>黄芩</td><td></td></tr>
<tr><td>菊花</td><td></td><td>薄荷</td><td></td></tr>
<tr><td>酒大黄</td><td></td><td>黄柏(酒炒)</td><td></td></tr>
<tr><td>桔梗</td><td></td><td>川芎</td><td></td></tr>
<tr><td>石膏</td><td></td><td>旋覆花</td><td></td></tr>
<tr><td>甘草</td><td></td><td>蜂蜜</td><td></td></tr>
</table>

（续）

品　　名	黄连上清丸	规　　格	4mg/丸	批　　号	
生产日期	年　月　日	房间编号		温度　　℃	相对湿度　　%
操作步骤	工艺参数		操作记录		操作时间
3. 预处理粉碎	（1）按粉碎岗位 SOP 进行操作 （2）将物料进行粉碎，并控制操作速度，将粉碎后的物料装入洁净塑料袋内并密封，做好标识，备用 （3）粉碎、筛分后的物料进行物料平衡计算，物料平衡限度控制为 98%～100%		物料名称： 粉碎前重量： 粉碎机型号： 粉碎机筛网目数： 粉碎后重量： 物料平衡计算： 领取物料总重（A）： 实收重量（B）： 可回收利用物料重量（C）： 不可用物料重量（D）： 物料平衡 $=\dfrac{B+C+D}{A}\times 100\%=$		时　分～　时　分
4. 总混	（1）按混合岗位 SOP 进行操作 （2）混合速度：转动摆动 11 次/min （3）混合装量：每次混合物料的体积要求为混合设备的 1/3～1/2 （4）混合时间：每次混合时间为 15/min		（1）混合机型号： （2）混合速度：为转动摆动　　次/min （3）混合装量：每次混合物料的体积要求为混合设备的 （4）混合时间：每次混合时间为　　min。		时　分～　时　分
5. 炼蜜	（1）按炼蜜岗位 SOP 进行操作 （2）加入适量饮用水（蜜水总量不能超过锅容积的 1/3，以防加热沸腾后泡沫上升，溢出锅外）加热至沸腾 （3）用 60 目筛滤过，除去浮沫及杂质，再入锅继续加热熬炼并不断捞去浮沫 （4）加热至 100～115℃，待锅内出现均匀淡黄色细气泡，含水量约为 5%～8%时，停止加热		（1）炼蜜罐型号： （2）加入适量饮用水　　kg （3）用　　目筛滤过 （4）加热至　　℃，含水量为　　%		时　分～　时　分
6. 制丸块	（1）先在炼蜜间夹层锅中加水加热至微沸，再将称好的炼蜜的不锈钢桶放到夹层锅上水浴加热，同时将总混后的细粉加入 CH-200 型槽形混合机中 （2）待炼蜜加热至 60℃时，开启混合机，在搅拌下趁热加入炼蜜，待混合成坨后方可出料，倒入料车中 （3）将上述混合的药坨加入炼药机中，开机炼制，待料炼制均匀，色泽一致后方可出料，装入不锈钢桶中，严封后，转入中站，抽检测定含量、水分		（1）夹层锅型号： 槽形混合机型号： （2）炼蜜加热至　℃时，开启混合机 （3）炼药机机型号：		时　分～　时　分
7. 制丸	（1）按制丸岗位 SOP 进行操作 （2）工艺、设备参数： 出丸重量　6g/丸； 制丸速度　中速 （3）在制丸过程中进行重量差异检查 （4）制丸后进行物料平衡计算，物料平衡限度控制为 98%～100%		（1）制丸机型号： （2）工艺、设备参数： 出丸重量　6g/丸； 制丸速度　中速 （3）平均丸重：　　g/丸 （4）物料平衡：		时　分～　时　分

（续）

品　　名	黄连上清丸	规　　格	4mg/丸	批　　号			
生产日期	年　月　日	房间编号		温度	℃	相对湿度	%
操作步骤	工艺参数		操作记录				操作时间
8．丸重检查	称量时间						时　分～　时　分
	重量/g						
	称量时间						
	重量/g						
9．内包装	（1）用蜡纸一张包裹一个蜜丸，将多出的蜡纸拧紧 （2）将包好蜡纸的药丸每 10 丸装入一袋塑料袋中 （3）开启 FR-900 型塑料袋封口机进行热合封口，封口严密，印制批号、生产日期、有效期清晰正确 （4）封口完成后将本工序产品放入洁净的不锈钢桶中		（1）用蜡纸一张包裹　　个蜜丸 （2）药丸每　　丸装入一袋塑料袋中 （3）批号： （4）生产日期： （5）有效期至：				时　分～　时　分
10．外包装	（1）装小盒：每小盒内装 1 袋丸剂，放 1 张产品说明书 （2）装小盒：每 10 小盒为 1 中盒，封口 （3）装箱：将封好的中盒装置于已封底的纸箱内，每 20 中盒为 1 箱，然后用封箱胶带封箱，打包带（2 条/箱） （4）外箱封口严密，印制批号、生产日期和有效期清晰正确		（1）装小盒：每小盒内装　　袋丸剂，放　张产品说明书 （2）装中盒：每　小盒为 1 中盒，封口 （3）装箱：将封好的中盒装置于已封底的纸箱内，每　中盒为 1 箱，然后用封箱胶带封箱，打包带（　条/箱）。 （4）批号： （5）生产日期： （6）有效期至：				时　分～　时　分
11．清场	（1）生产结束后将物料全部清理，并定置放置 （2）撤除本批生产状态标志 （3）使用过的设备容器及工具应清洁无异物并实行定置管理 （4）设备内外尤其是接触药品的部位要清洁，做到无油污，无异物 （5）地面，墙壁应清洁，门窗及附属设备无积灰，无异物 （6）不留本批产品的生产记录及本批生产指令书面文件		QA 人员检查确认　□合格　□不合格				时　分～　时　分
备　　注							
操作人		复核人			QA 人员		

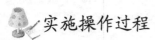

实施操作过程

操作工序一　称　　量

一、准备工作

（一）生产人员

（1）生产人员应当经过培训，培训的内容应当与本岗位的要求相适应。除进行 GMP 理论和实践的培训外，还应当有相关法规、岗位的职责、技能及卫生要求的培训。

（2）避免体表有伤口、患有传染病或其他可能污染药品疾病的人员从事直接接触药品的生产。

（3）生产人员均应当按照规定更衣。工作服的选材、式样及穿戴方式应当与所从事的工作和空气洁净度级别要求相适应。

（4）生产人员不得化妆和佩戴饰物。

（5）生产人员应当避免裸手直接接触药品、与药品直接接触的包装材料和设备表面。

（6）生产人员按D级洁净区生产人员进出标准程序进入生产操作区。

（二）生产环境

（1）生产区的内表面（墙壁、地面、顶棚）应当平整光滑、无裂缝、接口严密和无颗粒物脱落，避免积尘，便于有效清洁，必要时应当进行消毒。

（2）各种管道、照明设施、风口和其他公用设施的设计和安装应当避免出现不易清洁的部位，应当尽可能在生产区外部对其进行维护。

（3）排水设施应当大小适宜，并安装防止倒灌的装置。应当尽可能避免明沟排水，不可避免时，明沟宜浅，以方便清洁和消毒。

（4）制剂的原辅料称量应当在专门设计的称量室内进行。

（5）产尘操作间（如干燥物料或产品的取样、称量、混合、包装等操作间）应当保持相对负压或采取专门的措施，防止粉尘扩散、避免交叉污染并便于清洁。

（6）生产区应当有适度的照明，一般不能低于300lx，照明灯罩应密封完好。

（7）洁净区与非洁净区之间、不同级别洁净区之间的压差应当不低于10Pa。

（8）本工序的生产区域应按D级洁净区的要求设置，根据产品的标准和特性对该区域采取适当的微生物监控措施。

（三）生产文件

1．批生产指令单
2．称量岗位标准操作规程
3．XK3190-A12E台秤标准操作规程
4．XK3190-A12E台秤清洁消毒标准操作规程
5．称量岗位清场标准操作规程
6．称量岗位生产前确认记录
7．称量间配料记录

（四）生产用物料

本岗位所用物料为经质量检验部门检验合格的黄连、栀子（姜制）、连翘、炒蔓荆子、防风、荆芥穗、白芷、黄芩、菊花、薄荷、酒大黄、黄柏（酒炒）、桔梗、川芎、石膏 、旋覆花、甘草、蜂蜜。

本岗位所用物料应经物料净化后进入称量间。

一般情况下，工艺上的物料净化包括脱包、传递和传输。

脱外包包括采用吸尘器或清扫的方式清除物料外包装表面的尘粒，污染较大，故脱外包间应设在洁净室外侧。在脱外包间与洁净室（区）之间应设置传递窗（柜）或缓冲间，用于清洁后的原辅料、包装材料和其他物品的传递。传递窗（柜）两边的传递门，应有联锁装置防止同时被打开，密封性好并易于清洁。

传递窗（柜）的尺寸和结构，应满足传递物品的大小和重量需要。

原辅料进出D级洁净区，按物料进出D级洁净区清洁消毒操作规程操作。

（五）设施、设备

车间应在配料间安装捕、吸尘等设施。配料设备（如电子秤等）的技术参数应经验证确认。配料间进风口应有适宜的过滤装置，出风口应有防止空气倒流的装置。

（1）进入称量间，检查是否有“清场合格证”，并且检查是否在清洁有效期内，并请现场QA人员检查。

（2）检查配称量是否有与本批产品无关的遗留物品。

（3）对台秤等计量器具进行检查，是否具有“完好”的标志卡及“已清洁”标志。检查设备是否正常，若有一般故障自己排除，自己不能排除的则通知维修人员，正常后方可运行。要求计量器具完好，性能与称量要求相符，有检定合格证，并在检定有效期内。正常后进行下一步操作。

（4）检查操作间的进风口与回风口是否在更换有效期内。

（5）检查记录台是否清洁干净，是否留有上批的生产记录表或与本批无关的文件。

（6）检查操作间的温度、相对湿度、压差是否与生产要求相符，并记录洁净区温度、相对湿度和压差。

（7）查看并填写“生产交接班记录”。

（8）接收到“批生产指令单”“生产操作记录”“中间产品交接单”等文件，要仔细阅读批生产指令单，明了产品名称、规格、批号、批量、工艺要求等指令。

（9）复核所有物料是否正确，容器外标签是否清楚，内容与标签是否相符，核重量、件数是否相符。

（10）检查使用的周转容器及生产用具是否清洁，有无破损。

（11）检查吸尘系统是否清洁。

（12）上述各项达到要求后，由QA人员验证合格，取得清场合格证附于本批生产记录内，将操作间的状态标识改为“生产运行”后方可进行下一步生产操作。

二、生产过程

（一）生产操作

根据批生产指令单填写领料单，从备料间领取黄连、栀子（姜制）、连翘、炒蔓荆子、防风、荆芥穗、白芷、黄芩、菊花、薄荷、酒大黄、黄柏（酒炒）、桔梗、川芎、石膏、旋覆花、甘草、蜂蜜，并核对品名、批号、规格、数量、质量无误后，进行下一步操作。

按批生产指令单、《XK3190-A12E台秤标准操作规程》进行称量。

完成称量工序后，按《XK3190-A12E台秤标准操作规程》关停电子秤。

将所称量物料装入洁净的盛装容器中，转入下一工序，并按批生产记录管理制度及时填写相关生产记录。

将配料所剩的尾料收集，标明状态，交中间站，并填写好生产记录。

有异常情况应及时报告技术人员，并协商解决。

（二）质量控制要点

（1）物料标识：标明品名、批号、质量状况、包装规格等，标识格式要符合 GMP 要求。

（2）性状：符合内控标准规定。

（3）检验合格报告单：有检验合格报告单。

（4）数量：核对准确。

三、清洁清场

（1）将物料用干净的不锈钢桶盛放，密封，容器内外均附上状态标识，备用，转入下道工序。

（2）按 D 级洁净区清洁消毒程序清理工作现场、工具、容器具、设备，并请 QA 人员检查，合格后发给“清场合格证”，将“清洁合格证”挂贴于操作室门上，作为后续产品开工凭证。

（3）撤掉运行状态标识，挂“清场合格标志”，按清洁程序清理现场。

（4）及时填写“批生产记录”“设备运行记录”“交接班记录”等，并复核、检查记录是否有漏记或错记现象，复核中间产品检验结果是否在规定范围内；检查记录中各项是否有偏差发生，如果发生偏差则按《生产过程偏差处理规程》操作。

（5）关好水、电开关及门，按进入程序的相反程序退出。

操作工序二　预处理（粉碎与过筛）

一、准备工作

（一）生产人员

本工序生产人员应提前学习与本工序相关的技术文件，掌握本工序的操作要点。

生产人员的素质要求及进入洁净区的程序参见本项目操作工序一的有关内容。

（二）生产环境

本工序生产环境的要求按 GMP（2010 年版）有关 D 级洁净区的规定执行，具体参见本项目操作工序一的有关内容。

（三）任务文件

1．批生产指令单

2．粉碎岗位标准操作规程

3．粉碎机标准操作规程

4．粉碎机清洁消毒操作规程

5．粉碎岗位清场操作规程

6．粉碎岗位操作记录

（四）生产用物料

本工序生产用物料为称量工序按生产指令单要求称量后的黄连、栀子（姜制）、连翘、炒蔓荆子、防风、荆芥穗、白芷、黄芩、菊花、薄荷、酒大黄、黄柏（酒炒）、桔梗、川芎、石膏、旋覆花和甘草，操作人员到中间站或称量工序领取，领取过程按规定办理物料交接手续。

（五）场地、设施设备

粉碎间应安装捕、吸尘等设施。粉碎间进风口应有适宜的过滤装置，出风口应有防止空气倒流的装置。粉碎设备及工艺的技术参数应经验证确认。万能粉碎机如图 3-2 所示。

图 3-2　万能粉碎机

万能粉碎机利用活动齿盘和固定齿盘间的高速相对运动，使被粉碎物料经齿间冲击、摩擦及物料彼此间冲击等综合作用获得粉碎。本机结构简单、坚固，运转平稳，粉碎效果良好，被粉碎物可直接由主机磨腔中排出，粒度大小通过更换不同孔径的网筛获得。另外该机为全不锈钢制作，机壳内壁全部经机加工达到表面平滑，避免了以前机型内壁粗糙、积粉的现象。

（1）检查粉碎间、设备、工具和容器具是否具有清场合格标识，核对其有效期，并请 QA 人员检查合格后，将“清场合格证”附于本批生产记录内，进行下一步操作。

（2）检查粉碎设备是否具有“完好”标识卡及“已清洁”标识。检查设备是否正常，正常后方可运行。

（3）检查设备筛网目数是否符合工艺要求。

（4）对计量器具进行检查，要求计量器具完好，性能与称量要求相符，有检定合格证，并在检定有效期内。正常后进行下一步操作。

（5）检查操作间的进风口与回风口是否有异常。

（6）检查操作间的温度、相对湿度和压差是否符合要求，并记录在洁净区温度、相对湿度和压差记录表上。

（7）接受到“批生产指令单”“生产记录”（空白）“中间产品交接单”（空白）等文件要仔细阅读，根据生产指令填写领料单，向仓库领取需要粉碎的物料，摆放在设备旁，并核对待粉碎物料的品名、批号、规格、数量和质量，无误后，进行下一步操作。

（8）复核所用物料是否正确，容器外标签是否清楚，内容与标签是否相符。复核重量、件数是否相符。

（9）按《粉碎机清洁消毒标准操作规程》对设备及所需容器、工具进行消毒。

（10）检查使用的周转容器及生产用具是否洁净，有无破损。

（11）上述各项达到要求后，由检查员或班长检查一遍。检查合格后，在操作间的状态标识上写上“生产中”方可进行操作。

二、生产过程

（一）生产操作

（1）取下已清洁状态标识牌，换上设备运行状态标识牌。

（2）在接料口绑扎好接料袋。

（3）按粉碎机标准操作规程启动粉碎机进行粉碎。

（4）在粉碎机料斗内加入待粉碎物料，加入量不得超过容量的 2/3。

（5）粉碎过程中严格监控粉碎机电流，不得超过设备标牌的要求。粉碎机壳温度不得

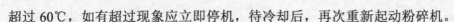

超过 60℃，如有超过现象应立即停机，待冷却后，再次重新起动粉碎机。

（6）完成粉碎任务后，按粉碎机 SOP 关停粉碎机。

（7）打开接料口，将物料出于清洁的塑料袋内，再装入洁净的盛装容器内，并在容器内、外贴上标签，注明物料品名、规格、批号、数量、日期和操作者的姓名，转交中间站管理员，存放于物料储存间，填写请验单请验。

（8）将生产所剩的尾料收集，标明状态，交中间站，并填写好生产记录。

（9）有异常情况，应及时报告技术人员，并协助解决。

（二）质量监控要点

（1）原辅料的洁净程度，要求洁净、无污点。

（2）粉碎机粉碎的速度不能太快，物料加入料斗的量不要太多，以免造成粉碎机负荷太大。

（3）对粉碎后产品的性状、水分、细度进行监控。

三、清洁清场

（一）清洗物料、粉尘

（1）将已粉碎经检验合格放行的原料全部按规程交于下一工序。

（2）将留在工序内的物料及不合格品写明品名、规格、重量和日期交 QA 人员处理。

（3）清理粉碎机、振荡筛的粉尘。

（4）将粉碎机上可以拆分的零部件拆下，去除粉粒。

（5）扫除场地上的一切污物、杂质，按规定处理。

（二）清洗、擦、抹

（1）将从粉碎机、振荡筛中拆下的零部件用饮用水清洗，再用纯化水清洗并晾干。

（2）设备内外都用饮用水洗净后再用纯化水冲洗并擦干。

（3）场内的荧光灯、门、开关、通风口以及墙壁等按要求进行清洁。

（4）地面用洗涤精清洗拖干，再用纯化水清洗拖干。

（三）检查要求

（1）地面、门窗、通风口、开关和设备等应无积尘、污垢和水迹。

（2）工具和容器清洗后无杂物并放于器具间存放。

（3）设备内外应无粒状、粉尘等痕迹的异物并安装到位。

（4）操作间内不应有与生产无关的物品。

（5）清洁所有的工具、专用拖把、洁净抹布和扫帚等，用后放入洁净间。

（6）清场完毕，清场人应做好记录。

（7）组长检查复核后签名。

（8）QA 质检员检查合格后发放“清洁合格证”。

（9）及时填写“批生产记录”“设备运行记录”“交接班记录”等，并复核、检查记录是否有漏记或错记现象，复核中间产品检验结果是否在规定范围内；检查记录中各项是否有偏差发生，如果发生偏差则按《生产过程偏差处理规程》操作。

（10）关好水、电开关及门，按进入程序的相反程序退出。

操作工序三　总　混

一、准备工作

（一）生产人员

本工序生产人员应提前学习与本工序相关的技术文件，掌握本工序的操作要点。生产人员的素质要求及进入洁净区的程序参见本项目操作工序一的有关内容。

（二）生产环境

本工序生产环境的要求按 GMP（2010 年版）有关 D 级洁净区的规定执行，具体参见本项目操作工序一的有关内容。

（三）任务文件

1．总混岗位标准操作规程

2．SYH-800 三维运动混合机标准操作工程

3．SYH-800 三维运动混合机清洁消毒操作规程

4．总混岗位清场标准操作规程

5．总混生产操作录

（四）生产用物料

按生产指令单中所列的物料，从粉碎与过筛工序或物料间领取物料备用。

（五）设施、设备

（1）总混岗位应有防尘、捕尘的设施。

（2）总混设备应密闭性好、内壁光滑和易于清洗，并能适应批量生产的要求。

（3）对生产厂房、设备、容器具等按清洁规程清洁，其清洁效果应经验证确认。

（4）本工序所用混合设备为 SYH-800 三维运动混合机，如图 3-3 所示。

（5）检查总混间、设备、工具和容器具是否具有“清场合格标识”，并核对其有效期，待 QA 人员检查合格后，将“清场合格证”附于本批生产记录内，进入下一步操作。

图 3-3　SYH-800 三维运动混合机

（6）根据混合要求选用适当的设备，并检查设备是否具有“完好”标识卡及“已清洁”标识。正常后方可运行。

（7）对计量器具进行检查，正常后进行下一步操作。

（8）根据生产指令核对所需混合药材的品名、批号、规格、数量和质量，无误后，进行下一步操作。

（9）按《SYH-800 三维运动混合机清洁、消毒标准操作规程》对设备及所需容器、工具进行下一步操作。

（10）挂本次运行状态标识，进入操作状态。

二、生产过程

（一）生产操作

（1）将上一工序粉碎、过筛后的物料置于 SYH-800 三维运动混合机中，依据产品工艺规程按混合设备标准操作程序进行混合。

（2）设置混合速度为转动摆动 11 次/min

（3）混合时间 15min。

（4）将混合均匀的药粉洁净容器中，密封，标明品名、批号、剂型、数量、容器编号、操作人和日期等，放于物料储存室。

（5）将混合的物料进行质量确认，看颜色是否均匀，有无团块、杂点等情况，无误后方可进行清场。

（6）将生产所剩尾料收集，标明状态，交中间站，并填写好记录。

（7）有异常情况，应及时报告技术人员，并协商解决。

（二）质量控制要点

（1）混合速度为转动摆动 11 次/min。

（2）每次混合物料的装量体积要求为混合设备的 1/3～1/2，每次混合时间为 15min。

（3）混合后的物料色泽均匀，无团块、色斑等情况。

三、清洁清场

（1）将混合桶处于出料装置处，打开加料口。

（2）用吸尘器将混合桶内壁表面的药粉吸净。

（3）用软管接自来水冲洗混合桶内壁、平盖和卡箍，边用水冲洗边用抹布擦洗，清洗至肉眼观察无药物残留为止。

（4）用纯化水冲洗混合桶内壁、平盖和卡箍三遍，放净桶中水，盖上平盖，上紧卡箍（注意密封）。

（5）用蘸纯化水的湿抹布擦拭混合桶外壁及摇臂。注意摇臂关节。摇臂和混合桶连接处是清洁的重点，应彻底擦净。

（6）用纯化水冲洗一遍，用干净抹布擦干；打开出料平盖，用干净抹布擦干内壁。

（7）擦净后将混合桶自然干燥，必要时用纱布蘸 75%酒精全面擦拭。

（8）用抹布蘸清洁剂擦拭混合筒外面、摇臂和机身，要特别注意摇臂连接部位、缝隙、密封圈等部位的清洗。

（9）用水漂洗、冲洗清洁剂后，用纯化水漂洗三遍。用干净抹布擦干，必要时用纱布蘸 75%酒精全面擦拭。

（10）打开平盖，用干净抹布擦拭内壁，用纱布蘸 75%酒精擦拭一遍，自然干燥，备用。

（11）清洁本工序所有的工具、专用拖把、洁净抹布和扫帚等用后按规定清洗、并放入洁净间。

（12）及时填写“批生产记录”“设备运行记录”“交接班记录”等。

（13）关好水、电开关及门，按进入程序的相反程序退出。

操作工序四 炼 蜜

一、准备工作

（一）生产人员

本工序生产人员应提前学习与本工序相关的技术文件，掌握本工序的操作要点。

生产人员的素质要求及进入洁净区的程序参见本项目操作工序一的有关内容。

（二）生产环境

本工序生产环境的要求按GMP（2010年版）有关D级洁净区的规定执行，具体参见本项目操作工序一的有关内容。

（三）生产文件

1. 批生产指令单
2. 炼蜜岗位标准操作规程
3. 炼蜜罐标准操作规程
4. 炼蜜罐清洁消毒标准操作规程
5. 炼蜜岗位清场标准操作规程
6. 炼蜜岗位生产前确认记录
7. 炼蜜工序操作记录

（四）生产用物料

本工序生产用物料为称量工序按生产指令要求称量后的蜂蜜，操作人员到中间站或称量工序领取，领取过程按规定办理物料交接手续。

（五）设施、设备

（1）检查操作间、工具、容器、设备等是否有清场合格标识，并核对是否在有效期内。否则按清场标准程序进行清场并经QA人员检查合格后，填写“清场合格证”，方可进入下一步操作。

（2）根据要求选择适宜的炼蜜设备有可倾斜式夹层锅（图3-4）或刮板式炼蜜罐（图3-5）。设备要有“合格”标牌，“已清洁”标牌，并对设备状况进行检查，确认设备正常，方可使用。

（3）检查水、电供应正常，开启纯化水阀放水10min。

（4）检查容器、用具是否清洁干燥，必要时用75%乙醇溶液对炼蜜罐、容器、用具进行消毒。

（5）根据生产指令填写领料单，从备料称量间领取原、辅料，并核对品名、批号、规格、数量、质量无误后，进行下一步操作。

（6）操作前检查加热、搅拌、真空是否正常，关闭炼蜜罐底部阀门，打开真空泵冷却水阀门。

（7）挂“运行”状态标识，进入配制操作。

图 3-4 可倾斜式夹层锅

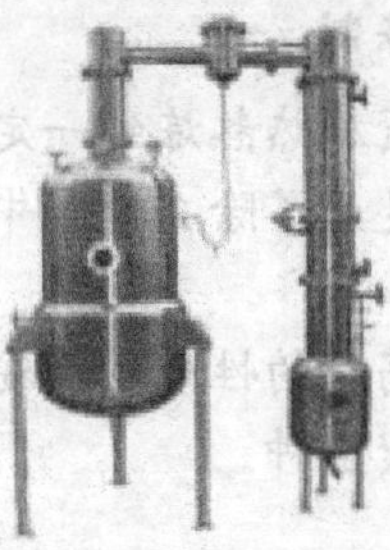

图 3-5 刮板式炼蜜罐

二、生产过程

（一）生产操作

（1）把从上一工序领取的蜂蜜置不锈钢可倾斜式夹层锅中。

（2）加入适量饮用水（蜜水总量不能超过锅容积的 1/3，以防加热沸腾后泡沫上升，溢出锅外）加热至沸腾。

（3）用 60 目筛滤过，除去浮沫及杂质，再入锅继续加热熬炼并不断捞去浮沫。

（4）加热至 100～115℃，待锅内出现均匀淡黄色细气泡，含水量约为 5%～8%时，停止加热。

（5）取样，样品用手捻有粘性，两手指离开时若有长白丝出现，说明炼蜜完成。

（二）质量控制要点

（1）外观为粘稠的透明或半透明的胶状液体。

（2）粘稠度，样品用手捻有粘性，两手指离开时，有长白丝出现。

三、清洁清场

（1）生产结束后用干洁净布擦拭设备外表。

（2）用饮用水将夹层锅内表面与设备外表冲洗干净，再用纯化水冲洗两遍。

（3）填写“设备清洁记录”，检查合格后，挂“已清洁”状态标识牌。

（4）按《操作间清洁标准操作规程》对场地、用具进行清洁消毒，经 QA 人员检查合格后发“清场合格证”。

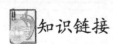

知识链接

蜂蜜的选择和炼制

一、蜂蜜的选择

蜂蜜应是半透明、带光泽、浓稠的液体，呈乳白色或黄色，25℃时相对密度在 1.349 以上，还原糖不得少于 64.0%。碘试液检查应无淀粉、糊精。有香气，味道甜而不酸、不涩，清洁而无杂质。

二、蜂蜜的炼制

炼蜜系将蜂蜜加热熬炼到一定程度的操作。

炼蜜的目的是为了除去蜂蜜中的杂质，降低水分含量，破坏酶类，杀死微生物，增加粘合性。

根据处方中药材的性质及药粉含水量、制备季节，选用不同程度的炼蜜。炼蜜可分为嫩蜜、中蜜、老蜜3种。

1. 嫩蜜

加热至105～115℃，含水量达17%～20%，相对密度为1.35左右，色泽无明显变化，稍有粘性。适用于含较多油脂、粘液质、胶质、糖、淀粉和动物组织等粘性较强的药材制丸。

2. 中蜜（炼蜜）

嫩蜜继续加热，温度达到116～118℃，含水量为14%～16%，相对密度为1.37左右，出现浅黄色有光泽的、翻腾的均匀细气泡，用手捻有粘性，分开两手指无白丝出现。适用于粘性中等的药材制丸，大部分采用此蜜。

3. 老蜜

中蜜继续加热，温度达119～122℃，含水量10%以下，相对密度为1.40左右，出现红棕色光泽较大气泡，手捻甚粘，两手指分开会出现长白丝，滴入水中成珠状。粘合力强，适用于粘性差的矿物性、纤维性药材制丸，否则丸剂表面粗糙，不滋润。

操作工序五　制　丸　块

一、准备工作

（一）生产人员

本工序生产人员应提前学习与本工序相关的技术文件，掌握本工序的操作要点。

生产人员的素质要求及进入洁净区的程序参见本项目操作工序一的有关内容。

（二）生产环境

本工序生产环境的要求按GMP（2010年版）有关D级洁净区的规定执行，具体参见本项目操作工序一的有关内容。

（三）任务文件

1. 制丸块岗位标准操作规程
2. CH-200型槽形混合机标准操作规程
3. CH-200型槽形混合机清洁、消毒操作规程
4. GHL-30C型高质量炼药机标准操作规程
5. GHL-30C型高质量炼药机清洁、消毒操作规程
6. 制丸块岗位清场标准操作规程
7. 制丸块生产操作记录

（四）生产用物料

按批生产指令单要求，从总混工序和炼蜜工序或物料间领取物料备用。

（五）设施、设备

（1）进入制丸块间，检查是否有上批生产的“清场合格证”，有质检员或检查员签名。

（2）检查制丸块间是否洁净，有无与生产无关的遗留物品。

（3）检查设备洁净完好，并挂有“已清洁”标识。

（4）检查操作间的进风口与回风口是否正常。

（5）检查计量器具与称量的范围是否相符，是否洁净完好，有无合格证，并且在使用有效期内。

（6）检查记录台，清洁干净，是否留有上批的生产记录表及与本批生产无关的文件。

（7）检查操作间的温度、相对湿度、压差是否与要求相符，并记录。

（8）接收到“批生产指令单”“批生产记录”“中间产品交接记录”等文件，要仔细阅读批生产指令，明了产品名称、规格、批号、批量、工艺要求等指令。

（9）复核所用物料是否正确，容器外标签是否清楚，内容与标签是否相符，复核重量、件数。

（10）检查使用的本工序所用设备 CH-200 型槽形混合机（图 3-6）及 GHL-30C 型高质量炼药机（图 3-7）是否洁净。

（11）上述各项达到要求后，由检查员或班长检查一遍，检查合格后，在操作间的状态标识上写清“生产中”，方可进行生产操作。

图 3-6 CH-200 型槽形混合机

图 3-7 GHL-30C 型高质量炼药机

二、生产过程

（一）生产操作

（1）先在炼蜜间夹层锅中加水、加热至微沸，再将称好炼蜜的不锈钢桶放到夹层锅上水浴加热，同时将总混后的细粉加入 CH-200 型槽形混合机中。

（2）待炼蜜加热至 60℃时，开启混合机，在搅拌下趁热加入炼蜜，待混合成坨后方可出料，倒入料车中。

（3）将上述混合的药坨加入炼药机中，开机炼制，待料炼制均匀，色泽一致后方可出料，装入不锈钢桶中，严封后转入中站，抽检测定含量、水分。

（二）质量控制要点

（1）性状：应色泽一致、软硬适中，能随意捏塑。

（2）水分：用快速水分测定仪进行测定，要求水分<15%。

三、清洁清场

（1）将整批的数量重新复核一遍，检查标签确实无误后，交下一工序生产或送到中间站。

（2）将操作时间的状态标识改写为“清洁中”。

（3）清退剩余物料、废料，并按车间生产过程剩余产品的处理标准操作规程进行处理。

（4）按CH-200型槽形混合机清洁、消毒操作规程和GHL-30C型高质量炼药机清洁、消毒操作规程对所用过的设备、生产场地、用具、容器进行清洁、消毒（清洁消毒设备时，要断开电源）。

（5）清场后及时填写“清场记录”，清场自检合格后，请质检员或检查员检查。

（6）通过质检员或检查员检查后取得“清场合格证”并更换操作室的状态标识。

（7）完成生产记录的填写并复核，检查记录是否有漏记或错记现象，复核中间产品检查结果是否在规定范围内。检查记录中各项是否有偏差发生。如果发生偏差则按《生产过程偏差处理规程》操作。

（8）将“清场合格证”放在记录台规定位置，作为后续产品开工凭证。

知识链接

影响丸块质量的因素

1. 炼蜜的程度

应根据处方中药材的性质、粉末粗细、含水量高低、环境的温度及湿度、所需黏合剂的黏性强度来炼制蜂蜜。蜜过嫩则粉末黏合不好，丸粒表面不光滑；过老则丸块发硬，难以搓圆。

2. 和药蜜温

如处方中含有多量树脂、胶质、糖和油脂类的药材，黏性较强且遇热易熔化，加入热蜜后熔化，使丸块黏软，不易成型，待冷后又变硬，不利制丸，服用后丸粒不易溶散，故此类药粉和药蜜温度应以60～80℃为宜。若处方中含有冰片、麝香等芳香挥发性药物，也应采用温蜜。若处方中 含有大量的叶、茎、全草或矿物性药材，粉末黏性很小，则须用老蜜，趁热加入。

3. 用蜜量

药粉与炼蜜的比例是影响丸块质量的重要因素，一般比例是1:1～1:1.5，但也有偏高或偏低的。主要取决于下列因素：①药粉的性质，黏性强的药粉用蜜量宜少；含纤维较多、黏性极差的药粉，用蜜量宜多。②季节，夏季用蜜量应少，冬季用蜜量宜多。③合药方法，手工合药用蜜量较多，机械合药用蜜量较少。

操作工序六 制 丸

一、准备工作

（一）生产人员

本工序生产人员应提前学习与本工序相关的技术文件，掌握本工序的操作要点。

生产人员的素质要求及进入洁净区的程序参见本项目操作工序一的有关内容。

（二）生产环境

本工序生产环境的要求按GMP（2010年版）有关D级洁净区的规定执行，具体参见本项目操作工序一的有关内容。

（三）任务文件

1．制丸岗位标准操作规程

2．全自动中药制丸机标准操作规程

3．全自动中药制丸机清洁、消毒操作规程

4．制丸岗位清场标准操作规程

5．制丸生产操作记录

（四）生产用物料

按批生产指令单要求，从制丸块工序领取物料备用。

（五）设施、设备

（1）进入制丸间，检查是否有上批生产的“清场合格证”，有质检员或检查员签名。

（2）检查制丸间是否洁净，有无与本批生产无关的遗留物品。

（3）检查设备洁净完好，并挂有“已清洁”标识。

（4）检查操作间的进风口与回风口是否正常。

（5）检查计量器具与称量的范围是否相符，是否洁净完好，有无合格证，并且在使用有效期内。

（6）检查记录台，是否清洁干净，是否留有上批生产记录和与本批生产无关的文件。

（7）检查操作间的温度、相对湿度、压差是否与要求相符，并记录。

（8）接收到“批生产指令单”“批生产记录”“中间产品交接记录”等文件，要仔细阅读批生产指令，明了产品名称、规格、批号、批量和工艺要求等指令。

（9）复核所用物料是否正确，容器外标签是否清楚，内容与标签是否相符，复核重量、件数。

（10）检查本工序所用的主要设备，即全自动中药制丸机（图3-8）是否洁净。全自动中药制丸机的工作原理（图3-9）系将混合或炼制好的药坨送入料斗内，在螺旋推进器的挤压下，制出三根直径相同的药条，经过导轮、顺条器同步进入制药刀轮中，经过快速切磋，制成大小均匀的药丸。

（11）上述各项达到要求后，由检查员或班长检查一遍，检查合格后，在操作间的状态标识上注写“生产中”方可进行生产操作。

图 3-8　全自动中药制丸机

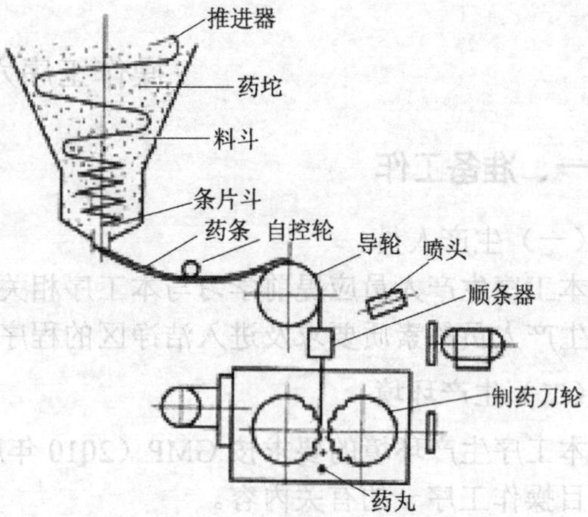

图 3-9　全自动中药制丸机的工作原理

二、生产过程

（一）生产操作

（1）按起动键，主电动机指示灯亮，机器开始运行，调节变频调速器，频率显示为零。

（2）起动搓丸按钮，指示灯亮。

（3）起动伺服电动机按钮，待指示灯亮，按顺时针方向缓慢转动速度调节旋钮，伺服电动机开始转动。

（4）起动制条机按钮，把调频开关扳向“开”。

（5）按顺时针方向转动调频旋钮至所需速度，制出药条。

（6）打开酒精开关，把制药刀轮润湿。

（7）先将一根药条，通过测速发电机和减速控制器，进行速度的确认和调整。

（8）再将其余药条从减速控制器下面穿过，再放到送条轮上，通过顺条器进入有槽滚筒进行制丸。

（二）质量控制要点

（1）外观　药丸大小一致，圆整性好，无裂缝，深褐色，气芳香，味苦。

（2）重量差异　重量差异为±7%。

（3）水分　用快速水分测定仪进行测定，要求水分<15%。

三、清洁清场

（1）每批生产结束时，去除残留于机上的物料。

（2）拆下搅拌器、出条板、顺条器和模具，用水清洗干净。

（3）可用湿布擦拭干净机器台面。

（4）用 75%乙醇擦拭设备与药物接触的各部位。

（5）要经常将擦净机器传动部件的油污，以便清楚地观察其运转情况。

（6）清场后及时填写“清场记录”，清场自检合格后，请 QA 人员检查。

（7）通过 QA 人员检查后取得“清场合格证”并更换操作室的状态标识。

（8）填写完成生产记录，并复核，检查记录是否有漏记或错记现象，复核中间产品检查结果是否在规定范围内。检查记录中的各项是否有偏差发生。如果发生偏差则按《生产过程偏差处理规程》操作。

（9）将“清场合格证”放在记录台规定位置，作为后续产品的开工凭证。

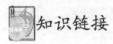

知识链接

丸剂的制备方法及设备

塑制法又称丸块制丸法，是指将药材细粉或药材提取物与适宜的赋形剂混匀，制成软硬适宜的塑性丸块，再依次制成丸条、分割及搓圆而制成的丸剂。中药蜜丸、浓缩丸和糊丸等都可采用此法制备。具体制备步骤包括：原辅料的准备，制丸块，制丸条，制丸粒，干燥等。

1. 原辅料的准备

塑制法制丸常用的粘合剂为蜂蜜，可视处方药物的性质，炼成适度的炼蜜。为了防止药物与工具粘连，并使丸粒表面光滑，在制丸过程中还应用适量的润滑剂。蜜丸所用的润滑剂是蜂蜡与麻油的融合物（油蜡配比一般为 7:3）。滑石粉或石松子粉也可作为润滑剂。

2. 制丸块

取混合均匀的药物细粉，加入适量粘合剂，充分混匀，制成湿度适宜、软硬适度的可塑性软材，即称之为丸块，中药行业中习称“合坨”。生产上一般使用捏合机（图 3-10）进行。

图 3-10 捏合机

3. 制丸条

将丸块制成粗细适宜的条形以便于分粒。丸块制好后应放置一定时间，使蜜等粘合剂充分润湿药粉，即可制丸条。丸条要求粗细一致，表面光滑，内面充实而无空隙。

制丸条的机械有螺旋式和挤压式两种。

（1）螺旋式出条机 其结构如图 3-11 所示。丸条机开动后，丸块从漏斗加入，由于轴上叶片的旋转使丸块挤入螺旋输送器中，丸条即由出口处挤出。出口丸条管的粗细可根据需要进行更换。

（2）挤压式出条机 其结构如图 3-12 所示。

操作时将丸块放入料筒，利用机械能推进螺旋杆，使挤压活塞在加料筒中不断向前推进，筒内丸块受活塞挤压而由出口挤出，成粗细均匀的丸条。可根据需要更换不同直径的出条管来调节丸粒重量。

4．制丸粒

制丸工艺可由轧丸机进行。轧丸机有双滚筒式和三滚筒式，可在轧丸后立即搓圆。现在制丸条及制丸粒可由全自动中药制丸机（图 3-8）一步完成。

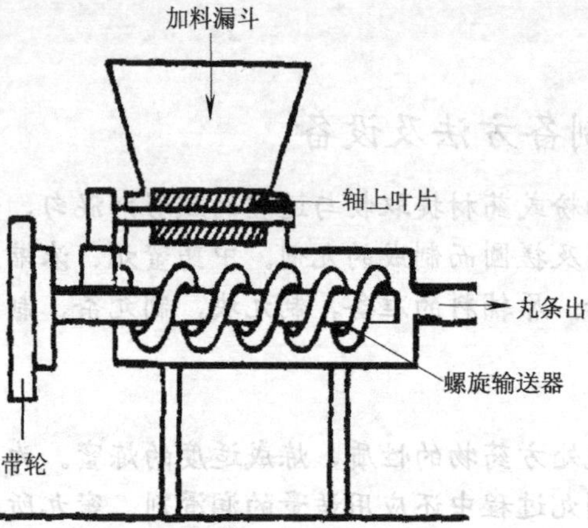

图 3-11　螺旋式出条机的结构

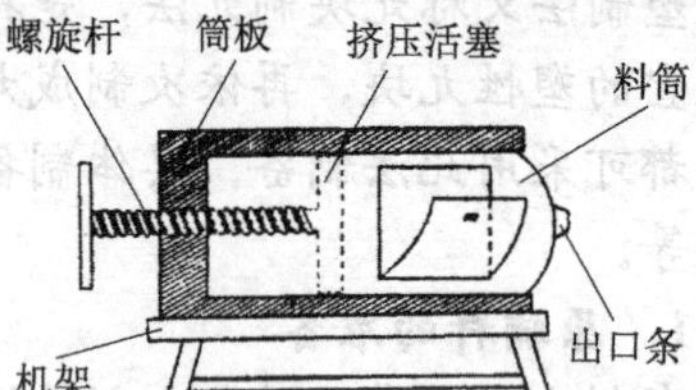

图 3-12　挤压式出条机的结构

操作工序七　内　包　装

一、准备工作

（一）生产人员

本工序生产人员应提前学习与本工序相关的技术文件，掌握本工序的操作要点。

生产人员的素质要求及进入洁净区的程序本项目操作工序一的有关内容。

（二）生产环境

本工序生产环境的要求按 GMP（2010 年版）有关 D 级洁净区的规定执行，具体参见本项目操作工序一的有关内容。

（三）任务文件

1．内包装岗位标准操作规程

2．FR-900 型塑料袋封口机标准操作规程

3．FR-900 型塑料袋封口机清洁、消毒操作规程

4．内包装岗位清场标准操作规程

5．制丸生产操作录

（四）生产用物料

按批生产指令单要求，从制丸块工序领取物料备用。

（五）设施、设备

（1）检查操作间、工具、容器、设备等是否有清场合格标识，并核对是否在有效期内。

否则按清场标准程序进行清场并经 QA 人员检查合格后，填写“清场合格证”，方可进入下一步操作。

（2）根据要求选择适宜的 FR-900 型塑料袋封口机（图 3-13）。设备要有“合格”标牌，“已清洁”标牌，并对设备状况进行检查，确认设备正常，方可使用。

图 3-13　FR-900 型塑料袋封口机

（3）根据批生产指令单填写领料单，领取上一工序制备的丸剂及蜡纸、黄连上清丸复合袋，并核对品名、批号、规格、数量和质量无误后，进行下一步操作。

（4）操作前检查 FR-900 型塑料袋封口机是否正常，确认正常后挂 “运行”状态标识，进入包装操作。

二、生产过程

（一）生产操作

（1）用一张蜡纸包裹一个蜜丸，将多出的蜡纸拧紧。

（2）将包好蜡纸的药丸每 10 丸装入一个塑料袋中。

（3）开启 FR-900 型塑料袋封口机进行热合封口，封口严密，印制批号、生产日期和有效期清晰正确。

（4）完成封口后将本工序产品放入洁净的不锈钢桶中。

（二）质量控制要点

（1）拧蜡纸　拧紧，蜡纸不得松散。

（2）装量　数量准确无误。

（3）热封质量　热封严密，端正；批号清晰、正确。

三、清洁清场

（1）将本工序未用完的包装材料退回中间站。

（2）每批生产结束时，去除残留于机上的物料。

（3）机器台面可用湿布擦拭干净。

（4）机器的传动部件要经常将油污擦净，以便清楚地观察运转情况。

（5）清场后及时填写清场记录，清场自检合格后，请 QA 人员检查。

（6）通过 QA 人员检查后取得“清场合格证”并更换操作室的状态标识。

（7）完成生产记录的填写，并复核，检查记录是否有漏记或错记现象，复核中间产品检查结果是否在规定范围内。检查记录中各项是否有偏差发生。如果发生偏差则按《生产过程偏差处理规程》操作。

（8）将“清场合格证”放在记录台规定位置，作为后续产品的开工凭证。

操作工序八　外　包　装

本工序要求按如下工艺参数进行操作：

（1）装小盒　每小盒内装1袋丸剂，放1张产品说明书。

（2）装中盒　每10小盒为1中盒，封口。

（3）装箱　将封好的中盒装置于已封底的纸箱内，每20中盒为1箱，然后用封箱胶带封箱，打包带（2条/箱）。

其他要求可参见项目一的有关内容。

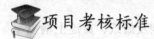

项目考核标准

丸剂的制备考核标准见表3-3。

表3-3　丸剂的制备考核标准

序　号	考试内容		操作内容	分　值	现场考核情况记录	得　分
1	洗手更衣		穿洁净工作鞋、衣顺序合理、动作规范，洗手动作规范	5		
2	操作前检查		检查温度、相对湿度、静压差、操作间设备、仪器状态标识和检查记录	10		
3	生产操作	称量	物料的领取选用和使用称量设备	60		
		粉碎与过筛	正确选用粉碎设备，能够正确操作设备，筛分达到标准			
		总混	正确操作设备，混合后的物料均匀			
		炼蜜	正确操作设备，工艺参数设置正确，炼蜜结果合格			
		制丸块	丸块用手捏不粘手，随意塑形，色泽一致，滋润柔和			
		制丸	丸粒大小均匀，有光泽			
		内包装	包装严密，数量准确			
		外包装	数量准确，操作熟练			
4	清场		挂待清场状态标识，清除物料，清洁工作间，挂已清场状态标识	5		
5	生产记录		物料记录、温湿度记录、生产过程记录	5		
6	团队协作		组员之间沟通情况，配合和协调工作	5		
7	安全生产		影响安全的行为和因素	5		
8	按时完成生产任务		认真核对，按时完成生产任务	5		
总分				100		

综合练习题

一、单项选择题

1．水丸的制备工艺流程为（　　）。
A．原料的准备　起模　泛制成型　盖面　干燥　选丸　包衣　打光
B．原料的准备　起模　泛制成型　盖面　选丸　干燥　包衣　打光
C．原料的准备　起模　泛制成型　干燥　盖面　选丸　包衣　打光
D．原料的准备　起模　泛制成型　干燥　选丸　盖面　包衣　打光
E．原料的准备　起模　泛制成型　干燥　包衣　选丸　盖面　打光

2．关于湿法制粒起模法特点，叙述错误的是（　　）。
A．所得丸模较紧密　　B．所得丸模较均匀
C．丸模成型率高　　D. 该法是先制粒再经旋转摩擦去其棱角而得
E．该法起模速度快

3．下列关于水丸的叙述中，错误的是（　　）。
A．质粘糖多的处方多用酒作润湿剂
B．活血通络的处方多用酒做润湿剂
C．疏肝理气止痛的处方多用醋作润湿剂
D．水丸“起模”应选用粘性强的极细粉
E．泛丸时酒作为润湿剂产生的粘性比水弱

4．关于蜜丸的叙述，错误的是（　　）。
A．是以炼蜜为粘合剂制成的丸剂　　B．大蜜丸是指重量在6g以上者
C．一般用于慢性病的治疗　　D．一般用塑制法制备
E．易长菌

5．蜂蜜炼制目的，叙述错误的是（　　）。
A．除去蜡质　B．杀死微生物　C．破坏淀粉酶　D．增加粘性
E．促进蔗糖酶解为还原糖

6．关于老蜜的判断，错误的是（　　）。
A．炼制老蜜会出现“牛眼泡”　　B．有“滴水成珠”现象
C．出现“打白丝”　　D．含水量较低，一般在14%~16%
E．相对密度为1.40

7．（　　）步骤是塑制法制备蜜丸的关键工序
A．物料的准备　B．制丸块　C．制丸条　D．分粒
E．干燥

8．制备六味地黄丸时，每100g粉末应加炼蜜（　　）。
A．250g　B．200g　C．150g　D．100g
E．50g

9．下列关于水蜜丸的叙述中，错误的是（　　）。
A．水蜜丸是药材细粉以蜜水为粘合剂制成的
B．它较蜜丸体积小，光滑圆整，易于服用

C. 比蜜丸利于贮存
D. 可以采用塑制法和泛制法制备
E. 水蜜丸在成型时，蜜水的浓度应以高→低→高的顺序。

10. 用于制作水蜜丸时，其水与蜜的一般比例是（　　）。
A. 炼蜜 1 份+水 1～1.5 份　B. 炼蜜 1 份+水 2～2.5 份
C. 炼蜜 1 份+水 2.5～3 份　D. 炼蜜 1 份+水 3.5～4 份
E. 炼蜜 1 份+水 5～5.5 份

11. 含有毒性及刺激性强的药物宜制成（　　）。
A. 水丸　B. 蜜丸　C. 水蜜丸　D. 浓缩丸
E. 蜡丸

12. 滴丸与胶丸的共同点是（　　）。
A. 均为丸剂　B. 均可用滴制法制备
C. 所用制造设备完全一样　D. 均以 PEG（聚乙二醇）类为辅料
E. 分散体系相同

13. 以 PEG 为基质制备滴丸时应选（　　）做冷却剂。
A. 水与乙醇的混合物　B. 乙醇与甘油的混合物
C. 液体石蜡与乙醇的混合物　D. 煤油与乙醇的混合物
E. 液体石蜡

14. 从制剂学观点看，苏冰滴丸疗效好的原因是（　　）。
A. 用滴制法制备　B. 形成固体溶液
C. 含有挥发性药物　D. 受热时间短，破坏小
E. 剂量准确

15.《中华人民共和国药典》（2010 年版）一部规定丸剂所含水分应为（　　）以下。
A. 15.0%　B. 9.0%
C. 水丸 9.0%，大蜜丸 15.0%　D. 水丸 12.0%，水蜜丸 15.0%
E. 浓缩水丸 12.0%，浓缩水蜜丸 15.0%

16. 一般朱砂安神丸的包衣为（　　）。
A. 滑石衣　B. 药物衣　C. 肠衣　D. 糖衣
E. 半薄膜衣

二、多项选择题

1. 可以用于制备丸剂的辅料的是（　　）。
A. 水　B. 酒　C. 蜂蜜　D. 药汁
E. 面糊

2. 关于水丸的特点，叙述正确的是（　　）。
A. 含药量较高　B. 可以掩盖不良气味
C. 不易吸潮　D. 溶解时限易控制
E. 生产周期短

3. 以下药物中（　　）在水丸制备中可以提取药汁作为泛丸的赋形剂。
A. 丝瓜络　B. 乳香、没药　C. 白术　D. 阿胶
E. 胆汁

4．关于起模的叙述，正确的是（　　　）。
A．起模是指将药粉制成直径 0.5～1mm 的小丸粒的过程
B．起模是水丸制备最关键的工序
C．起模常用水作润湿剂
D．为便于起模，药粉的粘性可以稍大一些
E．起模用粉应过五号筛
5．水丸的制备中需要盖面，方法有以下（　　　）几种。
A．药粉盖面　B．清水盖面　C．糖浆盖面　D．药浆盖面
E．虫蜡盖面
6．关于塑制法制备蜜丸，叙述正确的是（　　　）。
A．含有糖、粘液质较多宜热蜜和药
B．所用炼蜜与药粉的比例应为 1:1～1:1.5
C．一般含糖类较多的药材可以用蜜量多些
D．夏季用蜜量宜少
E．手工用蜜量宜多
7．制丸块是塑制蜜丸关键工序，优良的丸块应为（　　　）。
A．可塑性非常好，可以随意塑形　B．表面润泽，不开裂
C．丸块被手搓捏较为粘手　D．较软者为佳
E．握之成团、按之即散
8．蜂蜜炼制不到程度，蜜嫩水多可导致蜜丸（　　　）。
A．表面粗糙　B．蜜丸变硬　C．皱皮　D．反砂
E．空心
9．关于浓缩丸的叙述，正确的是（　　　）。
A．又称为“药膏丸”　B．又称为“浸膏丸”
C．是采用泛制法制备的　D．是采用塑制法制备的
E．与蜜丸相比减少了体积和服用量
10．关于微丸的叙述，正确的是（　　　）。
A．是直径小于 2.5mm 的各类球形小丸
B．胃肠道分布面积大，吸收完全，生物利用度高
C．释药规律具有重现性
D．我国古时就有微丸，如“六神丸”“牛黄消炎丸”等
E．微丸是一类缓、控释制剂
11．关于滴丸冷却剂的要求，叙述正确的是（　　　）。
A．冷却剂不与主药相混合
B．冷却剂与药物间不应发生化学变化
C．液滴与冷却剂之间的粘附力要大于液滴的内聚力
D．冷却剂的相对密度应大于液滴的相对密度
E．冷却剂的相对密度应小于液滴的相对密度
12．丸剂可以包（　　　）衣。
A．药物衣　B．糖衣　C．薄膜衣　D．肠溶衣

E．树脂衣

13．水丸包衣可起到（　　）作用。

A．医疗作用　B．保护作用　C．减少刺激性　D．定位释放

E．改善外观

14．丸剂包衣按传统方法可包成（　　）。

A．朱砂衣　B．青黛衣　C．雄黄衣　D．虫胶衣

E．百草霜衣

15．下列丸剂中需作溶散时限检查的是（　　）。

A．水丸　B．糊丸　C．水蜜丸　D．蜡丸

E．浓缩丸

16．目前丸剂的生产出现一些现代改进剂型，包括（　　）。

A．糊丸　B．滴丸　C．浓缩丸　D．蜡丸

E．胶丸

项目四　滴丸剂的制备

项目说明

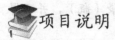

本项目按照操作先后顺序共分物料称量、配制、滴制、装瓶、外包装等工序，每个工序由准备工作、生产过程、清洁清场等几部分组成。在完成各任务过程中需要参考相应的岗位 SOP 及设备的 SOP，因操作规程随设备的不同而不同，相应的 SOP 另行提供。本项目要求制备的滴丸剂符合《中国药典》（2010 年版）的要求。

知识链接

认识滴丸剂

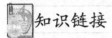

滴丸剂（图 4-1）系指固体、液体药物或饮片经适宜的方法提取、纯化后，与适宜的基质加热熔融后溶解、乳化或混悬于基质中，滴入不相混溶的冷凝介质中制成的球形或类球形制剂，主要供口服用。

滴丸剂在生产与储藏期间均应符合下列有关规定。

（1）根据不同品种可选用水溶性基质和非水溶性基质。常用基质有聚乙二醇类、泊洛沙姆、硬脂酸聚烃氧（40）酯、明胶、硬脂酸、单硬脂酸甘油酯、氢化植物油等。

（2）冷凝介质必须安全无害，且与药物不发生作用。常用冷凝液介质有液状石蜡、植物油、甲基硅油和水等。

（3）滴丸应圆整均匀，色泽一致，无粘连现象，表面无冷凝介质黏附。

（4）根据药物的性质与使用、贮藏的要求，在滴制成丸后可包衣。

（5）除另有规定外，滴丸剂应密封贮存。

滴丸剂应进行以下相应检查。

（1）重量差异　除另有规定外，滴丸剂照下述方法检查应符合表 4-1 的规定。

表 4-1　滴丸剂重量差异限度规定

平均丸重	重量差异限度
0.03g 及 0.03g 以下	±15%
0.03g 以上至 0.1g	±12%
0.1g 以上至 0.3g	±10%
0.3g 以上	±7.5%

检查法　取供试品 20 丸，精密称定总重量，求得平均丸重后，再分别精密称定每丸的重量。每丸重量与平均丸重相比较，按表中的规定，超出限度的不得多于 2 丸，并不得有

1 丸超出限度一倍。

包糖衣滴丸应检查丸芯的重量差异并符合规定，包糖衣后不再检查重量差异。包薄膜衣滴丸应在包衣后检查重量差异并符合规定。凡进行装量差异检查的单剂量包装滴丸剂，不再检查重量差异。

（2）装量差异　单剂量包装的滴丸剂，照下述方法检查应符合规定。

检查法　取供试品 10 袋（瓶），分别称定每袋（瓶）内容物的重量，每袋（瓶）装量与标示装量相比较，按表 4-2 的规定，超出装量差异限度的不得多于 2 袋（瓶），并不得有 1 袋（瓶）超出限度 1 倍。

（3）溶散时限　照崩解时限检查法检查。除另有规定外，应符合规定。

（4）微生物限度　照微生物限度检查法检查，应符合规定。

表 4-2　滴丸剂装量差异限度规定

标 示 装 量	装量差异限度
0.5g 及 0.5g 以下	±12%
0.5g 以上至 1g	±11%
1g 以上至 2g	±10%
2g 以上至 3g	±8%
g 以上	±6%

图 4-1　滴丸剂

学习目标

（1）了解滴丸剂的概念、特点和质量要求，理解其制备方法及影响因素。

（2）熟悉对滴丸剂基质和冷却剂的要求与选用要点。

（3）了解 GMP 对滴丸剂生产的管理要点。

（4）会使用全部滴丸剂生产设备。

（5）能按生产指令单要求完成典型标准操作规程和实训任务，并正确填写《实训操作记录》。

（6）能在实训过程正确完成中间产品的质量监控。

（7）能按 GMP 要求完成实训后的清洁清场操作。

项目教学环节

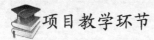

本项目在教学过程中，以马来酸氯苯那敏滴丸（4mg/丸）为例进行制备过程学习。本药品收载于《中国药典》（2010 年版）二部。

马来酸氯苯那敏滴丸为组织胺 H1 受体拮抗剂，本品能对抗过敏反应所致的毛细血管扩张，降低毛细血管的通透性，缓解支气管平滑肌收缩所致的喘息。本品抗组胺作用较持久，也具有明显的中枢抑制作用，能增加麻醉药、镇痛药、催眠药和局麻药的作用。本品主要用于肝脏代谢。

本品适用于皮肤过敏症，如荨麻疹、湿疹、皮炎、药疹、皮肤瘙痒症、神经性皮炎、虫咬症和日光性皮炎，也可用于过敏性鼻炎、血管舒缩性鼻炎、药物及食物过敏。

接受操作指令

马来酸氯苯那敏滴丸批生产指令单，见表 4-3。

表 4-3 马来酸氯苯那敏滴丸批生产指令单

品　名	马来酸氯苯那敏滴丸	规　格	4mg/丸
批　号		理论投料量	1000 丸
采用的工艺规程名称		马来酸氯苯那敏滴丸工艺规程	
原辅料的批号和理论用量			
序　号	物料名称	批　号	理论用量/g
1	马来酸氯苯那敏		4
2	聚乙二醇（相对分子质量 6000）		15.5
生产开始日期	年　月　日	生产结束日期	年　月　日
制表人		制表日期	年　月　日
审核人		审核日期	年　月　日

生产处方：

（1000 丸处方）

马来酸氯苯那敏　　4g

聚乙二醇（相对分子质量 6000）　　15.5g

查阅操作依据

为更好地完成本项任务，可查阅《马来酸氯苯那敏滴丸工艺规程》《中国药典》（2010 年版）等与本项任务密切相关的文件资料。

制定操作工序

根据本品种的制备要求制定操作工序如下。

称量→配制→滴制→装瓶→外包装

每个工序由准备工作、生产过程、清洁清场等几部分组成。在操作过程中填写滴丸剂的制备操作记录，见表 4-4。

表 4-4　滴丸剂的制备操作记录

<table>
<tr><td>品　　名</td><td>马来酸氯
苯那敏滴丸</td><td colspan="3">规　　格</td><td>4mg/丸</td><td colspan="2">批　　号</td><td></td></tr>
<tr><td>生产日期</td><td>年　月　日</td><td colspan="3">房间编号</td><td></td><td colspan="2">温度　　　℃</td><td>相对湿度　　%</td></tr>
<tr><td>工艺步骤</td><td colspan="4">工艺参数</td><td colspan="3">操作记录</td><td>操作时间</td></tr>
<tr><td rowspan="3">1．生产准备</td><td colspan="4">设备是否完好正常</td><td colspan="3">□是　　□否</td><td rowspan="3">时　分～　时　分</td></tr>
<tr><td colspan="4">设备、容器、工具是否清洁</td><td colspan="3">□是　　□否</td></tr>
<tr><td colspan="4">计量器具仪表是否校验合格</td><td colspan="3">□是　　□否</td></tr>
<tr><td rowspan="4">2．称量</td><td colspan="4" rowspan="4">（1）按生产处方规定，称取各种物料，记录品名、用量
（2）称量过程中执行一人称量，一人复核制度
（3）生产处方如下：马来酸氯苯那敏 4g
聚乙二醇（相对分子质量 6000）15.5g
制成 1000 丸</td><td colspan="3">按生产处方规定，称取各种物料，记录如下：</td><td rowspan="4">时　分～　时　分</td></tr>
<tr><td colspan="2">物料名称</td><td>用量/g</td></tr>
<tr><td colspan="2">马来酸氯苯那敏</td><td></td></tr>
<tr><td colspan="2">聚乙二醇（相对分子质量 6000）</td><td></td></tr>
<tr><td>3．配制</td><td colspan="4">（1）检查配制罐内外有无异物，设备处于正常状态
（2）根据工艺要求向罐内投入聚乙二醇（相对分子质量 6000）打开蒸气阀门对化基质罐进行加热，使内容物温度达到 60℃左右，待聚乙二醇（相对分子质量 6000）融化时，开启搅拌
（3）将称量好的马来酸氯苯那敏加入配制罐中，与基质搅拌均匀
（4）开启压缩空气，排出物料至滴丸滴制机的料斗中</td><td colspan="3">（1）配制罐型号：
（2）基质温度　　℃
（3）药物与基质混合时间：min</td><td>时　分～　时　分</td></tr>
<tr><td>4．滴制</td><td colspan="4">（1）按滴制岗位 SOP 进行操作
（2）设定制冷温度为 -3℃、油浴温度为 90℃、滴盘温度为 80℃，启动制冷、油泵，加热滴罐、加热滴盘
（3）待制冷温度、药液温度和滴盘温度显示达设定值后，缓慢扭动滴缸上的滴头开关，打开滴头开关，使药液以约 1 滴/s 的速度下滴
（4）操作过程中经常取样来控制丸重，根据丸重调整滴速
（5）收集的滴丸在接丸盘中滤油 15min，然后装进干净的脱油用布袋，放入离心机内脱油，启动离心机 2～3 次，待离心机完全停止转动后取出布袋</td><td colspan="3">（1）滴丸机型号：　　　离心机型号：
（2）制冷温度：　　℃
油浴温度：　　℃
滴盘温度：　　℃
（3）滤油时间：　　min
（4）离心次数：　　次</td><td>时　分～　时　分</td></tr>
<tr><td rowspan="4">5．丸重检查</td><td>称量时间</td><td></td><td></td><td></td><td></td><td></td><td></td><td rowspan="4">时　分～　时　分</td></tr>
<tr><td>重量/g</td><td></td><td></td><td></td><td></td><td></td><td></td></tr>
<tr><td>称量时间</td><td></td><td></td><td></td><td></td><td></td><td></td></tr>
<tr><td>重量/g</td><td></td><td></td><td></td><td></td><td></td><td></td></tr>
</table>

（续）

<table>
<tr><td>品　　名</td><td>马来酸氯
苯那敏滴丸</td><td>规　　格</td><td>4mg/丸</td><td colspan="2">批　　号</td><td colspan="2"></td></tr>
<tr><td>生产日期</td><td>年　月　日</td><td>房间编号</td><td></td><td>温度</td><td>℃</td><td>相对湿度</td><td>%</td></tr>
<tr><td>工艺步骤</td><td colspan="2">工艺参数</td><td colspan="3">操作记录</td><td colspan="2">操作时间</td></tr>
<tr><td>6．装瓶</td><td colspan="2">（1）按装瓶岗位 SOP 进行操作
（2）设定参数，使送瓶速度为 10 瓶/min，开启理瓶机构，将空的药瓶送到数粒机出粒嘴下
（3）按数粒瓶装联动线 SOP 开动电子数粒机数粒，设定参数（调节数粒振动大小），使 100 粒/瓶
（4）按数粒瓶装联动线 SOP 开启旋盖机，开启电磁感应铝箔封口机，按 10 瓶/min 的要求设定操作参数后，正常运行
（5）装上标签贴纸，开启贴标机，对每瓶进行贴签</td><td colspan="3">（1）数粒瓶装联动线型号：
（2）送瓶速度　　　瓶/min
（3）装瓶规格　　　粒/瓶
（4）旋盖速度　　　瓶/min
（5）贴签　　　个标签/瓶</td><td colspan="2">时　分～　时　分</td></tr>
<tr><td>7. 外包装</td><td colspan="2">（1）装小盒：每小盒内装 1 瓶滴丸，放 1 张产品说明书
（2）装中盒：每 10 小盒为 1 中盒，封口
（3）装箱：将封好的中盒装置于已封底的纸箱内，每 10 中盒为 1 箱，然后用封箱胶带封箱，打包带（2 条/箱）</td><td colspan="3">（1）装小盒：每小盒内装　瓶滴丸，放　张产品说明书
（2）装中盒：每　小盒为 1 中盒，封口
（3）装箱：将封好的中盒装置于已封底的纸箱内，每　中盒为 1 箱，然后用封箱胶带封箱，打包带（　条/箱）</td><td colspan="2">时　分～　时　分</td></tr>
<tr><td>8．清场</td><td colspan="2">（1）生产结束后将物料全部清理，并定置放置
（2）撤除本批生产状态标识
（3）使用过的设备容器及工具应清洁、无异物并实行定置管理
（4）设备内外，尤其是接触药品的部位要清洁，做到无油污，无异物
（5）地面、墙壁应清洁，门窗及附属设备无积灰，无异物
（6）不留本批产品的生产记录及本批生产指令书面文件</td><td colspan="3">QA 人员检查确认
□合格 □不合格</td><td colspan="2">时　分～　时　分</td></tr>
<tr><td>备　　注</td><td colspan="7"></td></tr>
<tr><td>操作人</td><td></td><td>复核人</td><td></td><td colspan="2">QA 人员</td><td colspan="2"></td></tr>
</table>

确定工艺参数（请学生在进行操作前确定下列关键工艺参数）

（1）冷却油温度：________℃。

（2）滴罐加热温度：________℃。

（3）滴盘加热温度：________℃。

（4）冷控制丸重：________g。

（5）滴制速度：________丸/min。

实施操作过程

操作工序一 称 量

一、准备工作

（一）生产人员

（1）生产人员应当经过培训，培训的内容应当与本岗位的要求相适应。除进行 GMP 理论和实践的培训外，还应当有相关法规、岗位职责、技能及卫生要求的培训。

（2）避免体表有伤口、患有传染病或其他可能污染药品疾病的人员从事直接接触药品的生产。

（3）生产人员均应当按照规定更衣。工作服的选材、式样及穿戴方式应当与所从事的工作和空气洁净度级别要求相适应。

（4）生产人员不得化妆和佩戴饰物。

（5）生产人员应当避免裸手直接接触药品、与药品直接接触的包装材料和设备表面。

（6）生产人员按 D 级洁净区生产人员进出标准程序进入生产操作区。

（二）生产环境

（1）生产区的内表面（墙壁、地面、天棚）应当平整光滑、无裂缝，接口严密、无颗粒物脱落，避免积尘，便于有效清洁，必要时应当进行消毒。

（2）各种管道、照明设施、风口和其他公用设施的设计和安装应当避免出现不易清洁的部位，应当尽可能在生产区外部对其进行维护。

（3）排水设施应当大小适宜，并安装防止倒灌的装置。应当尽可能避免明沟排水，不可避免时，明沟宜浅，以方便清洁和消毒。

（4）称量制剂的原辅料应当在专门设计的称量室内进行。

（5）产尘操作间（如干燥物料或产品的取样、称量、混合和包装等操作间）应当保持相对负压或采取专门的措施，防止粉尘扩散、避免交叉污染并便于清洁。

（6）生产区应当有适度的照明，一般不能低于 300lx，照明灯罩应密封完好。

（7）洁净区与非洁净区之间、不同级别洁净区之间的压差应当不低于 10Pa。

（8）本工序的生产区域应按 D 级洁净区的要求设置，根据产品的标准和特性对该区域采取适当的微生物监控措施。

（三）生产文件

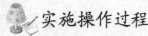

1．批生产指令单
2．称量岗位标准操作规程
3．XK3190-A12E 台秤标准操作规程
4．XK3190-A12E 台秤清洁消毒标准操作规程
5．称量岗位清场标准操作规程

6. 称量岗位生产前确认记录

7. 称量间配料记录

（四）生产用物料

本岗位所用物料为经质量检验部门检验合格的马来酸氯苯那敏、聚乙二醇（分子量6000）。本岗位所用物料应经物料净化后进入称量间。

一般情况下，工艺上的物料净化包括脱包、传递和传输。脱外包包括采用吸尘器或清扫的方式清除物料外包装表面的尘粒，污染较大，故脱外包间应设在洁净室外侧。在脱外包间与洁净室（区）之间应设置传递窗（柜）或缓冲间，用于传递清洁后的原辅料、包装材料和其他物品。传递窗（柜）两边的传递门，应有联锁装置，以防止同时被打开，密封性好并易于清洁。

传递窗（柜）的尺寸和结构，应满足传递物品的大小和重量需要。

原辅料进出 D 级洁净区，按物料进出 D 级洁净区清洁消毒操作规程操作。

（五）设施、设备

配料间应安装捕、吸尘等设施。配料设备（如电子秤等）的技术参数应经验证确认。配料间进风口应有适宜的过滤装置，出风口应有防止空气倒流的装置。

（1）进入称量间，检查是否有“清场合格证”，检查是否在清洁有效期内，并请现场 QA 人员检查。

（2）检查配、称量间是否有与本批产品无关的遗留物品。

（3）对台秤等计量器具进行检查，是否具有“完好”的标识卡及“已清洁”标识。检查设备是否正常，若有一般故障自己排除，自己不能排除的则通知维修人员，待正常后方可运行。要求计量器具完好，性能与称量要求相符，有《检定合格证》，并在检定有效期内。待正常后进行下一步操作。

（4）检查操作间的进风口与回风口是否在更换有效期内。

（5）检查记录台是否清洁干净，是否留有上批生产记录表或与本批无关的文件。

（6）检查操作间的温度、相对湿度和压差是否与生产要求相符，并记录洁净区温度、相对湿度和压差。

（7）查看并填写“生产交接班记录”。

（8）接收到“批生产指令单”“生产操作记录”“中间产品交接单”等文件，要仔细阅读批生产指令单，明了产品名称、规格、批号、批量、工艺要求等指令。

（9）复核所有物料是否正确，容器外标签是否清楚，内容与标签是否相符，核定重量和件数是否相符。

（10）检查使用的周转容器及生产用具是否清洁，有无破损。

（11）检查吸尘系统是否清洁。

（12）上述各项达到要求后，由 QA 人员验证合格，取得清场合格证附于本批生产记录内，将操作间的状态标识改为“生产运行”后方可进行下一步生产操作。

二、生产过程

（一）生产操作

根据批生产指令单填写领料单，从备料间领取马来酸氯苯那敏、聚乙二醇（分子量6000），并核对品名、批号、规格、数量和质量无误后，进行下一步操作。

按批生产指令单《XK3190-A12E台秤标准操作规程》进行称量。

完成称量子项目后，按XK3190-A12E台秤标准操作规程关停电子秤。

将所称量物料装入洁净的盛装容器中，转入下一子项目，并按批生产记录管理制度及时填写相关生产记录。

将配料所剩的尾料收集，标明状态，交中间站，并填写好生产记录。

有异常情况，应及时报告技术人员，并协商解决。

（二）质量控制要点

（1）物料标识　标明品名、批号、质量状况和包装规格等，标识格式要符合GMP要求。

（2）性状　符合内控标准规定。

（3）检验合格报告单　有检验合格报告单。

（4）数量　核对准确。

三、清洁清场

（1）将物料用干净的不锈钢桶盛放，密封，容器内外均附上状态标识，备用。转入下道工序。

（2）按D级洁净区清洁消毒程序清理工作现场、工具、容器具和设备，并请QA人员检查，合格后发给“清场合格证”，将“清洁合格证”挂贴于操作室门上作为后续产品的开工凭证。

（3）撤掉运行状态标识，挂清场合格标识，按清场程序清理现场。

（4）及时填写“批生产记录”“设备运行记录”“交接班记录”等，并复核、检查记录是否有漏记或错记现象，复核中间产品检验结果是否在规定范围内；检查记录中各项是否有偏差发生，如果发生偏差则按《生产过程偏差处理规程》操作。

（5）关好水、电开关及门，按进入程序的相反程序退出。

操作工序二　配　制

一、准备工作

（一）生产人员

本工序生产人员应提前学习与本工序相关的技术文件，掌握本工序的操作要点。对生产人员的素质要求及进入洁净区的程序参见操作工序一。

（二）生产环境

本工序生产环境的要求按GMP（2010年版）有关D级洁净区的规定执行，具体参见本项目操作工序一。

（三）生产文件

1．批生产指令单

2．配制岗位标准操作规程

3．配制罐标准操作规程

4．配制罐清洁消毒标准操作规程

5．配制岗位清场标准操作规程

6．配制岗位生产前确认记录

7．配制工序操作记录

（四）生产用物料

本工序生产用物料为称量工序按生产指令单要求称量后的马来酸氯苯那敏、聚乙二醇（分子量 6000），操作人员到中间站或称量工序领取，领取过程按规定办理物料交接手续。

（五）场地、设备

（1）检查操作间、工具、容器和设备等是否有清场合格标识，并核对是否在有效期内。否则按清场标准程序进行清场并经 QA 人员检查合格后，填写“清场合格证”，方可进入下一步操作。

（2）根据要求选择适宜的滴丸剂配制设备—滴丸剂配制罐，参见图 4-2 所示，此罐与油相罐结构相同。设备要有“合格”标牌，“已清洁”标牌，并对设备状况进行检查，确认设备正常，方可使用。

（3）检查水、电供应正常，开启纯化水阀放水 10min。

（4）检查配制容器、用具是否清洁干燥，必要时用 75%乙醇溶液对配制罐、配制容器和配制用具进行消毒。

（5）根据批生产指令单填写领料单，从备料称量间领取原、辅料，并核对品名、批号、规格、数量和质量无误后，进行下一步操作。

（6）操作前检查加热、搅拌和真空是否正常，关闭罐底部阀门，打开真空泵冷却水阀门。

（7）挂本次运行状态标识，进入配制操作。

二、生产过程

（一）生产操作

（1）检查配制罐内外有无异物，设备处于正常状态。

（2）根据工艺要求向罐内投入聚乙二醇（相对分子质量 6000）。打开蒸气阀门对配制罐进行加热，使内容物温度达到 60℃左右，待聚乙二醇（相对分子质量 6000）融化时，开启搅拌。

（3）将称量好的马来酸氯苯那敏加入配制罐中，与基质搅拌均匀。

（4）开启压缩空气，排出物料至滴丸滴制机的料斗中。

（二）质量控制要点

（1）外观 为白色或类白色的粘稠液体。

（2）粘稠度　均匀粘稠，色泽均匀。

三、清洁清场

（1）撤掉运行状态标识，挂清场合格标识。

（2）生产操作后，启用 CIP（在线清洁）系统，使用饮用水冲洗 30～60min，要求配制罐内壁、搅拌桨叶等不得有残留药液，必要时用高压水枪冲洗，再用纯化水冲洗 10min。

（3）更换品种或超过有效期时启用 CIP 系统，用纯化水将配制罐内壁、搅拌桨叶等冲洗干净，要求配制罐内壁、搅拌桨叶等不得有残留药液，必要时用高压水枪冲洗，再用 2% NaOH 溶液（约 300 升）加入配制罐，启动用快接管连接的专用不锈钢泵从配制罐下口沿配制罐喷淋球循环 30min 以上，放掉 NaOH 溶液。启用 CIP 系统，用饮用水冲洗至中性，然后启用 CIP 系统用纯化水冲洗 10min。

（4）及时填写“批生产记录”“设备运行记录”“交接班记录”等。

（5）关好水、电开关及门，按进入程序的相反程序退出。

操作工序三　滴　　制

一、准备工作

（一）生产人员

本工序生产人员应提前学习与本工序相关的技术文件，掌握本工序的操作要点。对生产人员的素质要求及进入洁净区的程序参见操作工序一。

（二）生产环境

本工序生产环境要求按 GMP（2010 年版）有关 D 级洁净区的规定执行，具体参见本项目操作工序一。

（三）任务文件

1．滴制岗位操作法
2．滴制设备标准操作规程
3．洁净区操作间清洁标准操作规程
4．滴丸机清洁标准操作规程
5．滴制生产前确认记录
6．滴制生产操作记录

（四）生产用物料

按生产指令单中所列的物料，从配制工序领取物料备用。

（五）设施、设备

（1）检查是否有上次生产的“清场合格证”，是否有 QA 人员的签名。

（2）检查生产场地是否洁净，是否有与生产无关的遗留物品。

（3）检查设备是否洁净完好，是否挂有“已清洁”标识。

（4）检查操作间的进风口与出风口是否有异常。

（5）检查计量器具与称量的范围是否相符，是否洁净完好，是否有检查合格证，并在使用有效期内。

（6）检查记录台是否清洁干净，是否留有上批的生产记录和与本批生产无关的文件。

（7）检查操作间的温度、相对湿度、压差是否与要求相符，并记录在相应的记录表格上。

（8）接收“批生产指令单”“生产记录”“中间产品交接单”等文件后，要仔细阅读，明确产品名称、规格、批号、数量、工艺要求等指令。

（9）复核所用物料是否准确，容器外标签是否清楚，内容与所用的指令是否相符，复核质量、件数是否相符。

（10）检查使用的周转容器、生产用具及主要设备，即滴丸剂配制罐（图 4-2）是否洁净，有无破损。

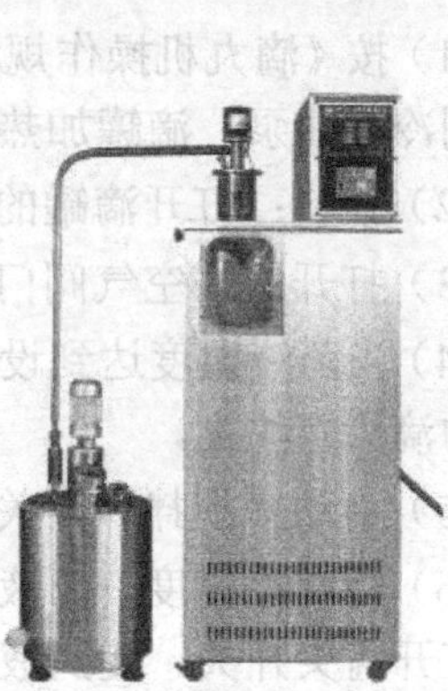

图 4-2　滴丸剂配制罐

（11）上述各项检查合格后，在操作间的状态标识上写上“生产中”方可进行生产操作。

二、生产过程

（一）生产前准备

1．复核清场情况

（1）检查生产场地是否无上一批生产遗留的滴丸剂、物料、生产用具和状态标识等。

（2）检查滴丸操作间的门窗、顶棚、墙壁、地面、地漏、灯罩、开关外箱和出风口是否已清洁、无浮尘、无油污。

（3）检查是否无上一批生产记录及与本批生产无关的文件等。

（4）检查是否有上一次生产的“清场合格证”，且是否在有效期内，证上所填写的内容齐全，有 QA 人员签字。

2．接收生产指令

（1）工艺员发滴丸生产记录、物料标识、“运行中”标识。

（2）仔细阅读“批生产指令”的要求和内容。

（3）填写“运行中”标识的各项内容。

3．设备、生产用具准备

（1）准备所需接丸盘、合适规格的筛丸筛、装丸胶袋、装丸胶桶和脱油用布袋等。

（2）检查滴丸机、离心机和接丸盘等生产用具是否已清洁、完好。

（3）按照《滴丸机操作规程》检查设备是否运作正常。

（4）检查滴头开关是否关闭。

（5）检查油箱内的液体石蜡是否足够。

（6）检查电子秤、电子天平是否符合计量范围要求，清洁完好，有“计量检查合格证”，在规定的使用期内，并在使用前进行校正。

（7）接入压缩空气管道。

（二）滴制操作

（1）按《滴丸机操作规程》设定制冷温度为-3℃、油浴温度为90℃、滴盘温度为80℃，启动制冷、油泵、滴罐加热、滴盘加热。

（2）投料：打开滴罐的加料口，投入已配制好的物料，关闭加料口。

（3）打开压缩空气阀门，调整压力为0.7MPa。

（4）当药液温度达到设定温度时，将滴头用开水加热浸泡5min，戴手套将滴头拧入滴罐下的滴头螺纹上。

（5）启动“搅拌”开关，调节调速旋钮，使搅拌器在要求的转速下进行工作。

（6）待制冷温度、药液温度和滴盘温度显示达到设定值后，缓慢扭动滴缸上的滴头开关，打开滴头开关，使药液以约1滴/s的速度下滴。

（7）试滴30s，取样检查滴丸外观是否圆整，去除表面的冷却油后，称量丸重，根据实际情况及时对冷却温度、滴头与冷却液面的距离和滴速作出调整，必要时调节面板上的“气压”或“真空”旋钮，直至符合工艺规程为止。

（8）正式滴丸后，每小时取丸10粒，用罩绸毛巾抹去表面冷却油，逐粒称量丸重，根据丸重调整滴速。

（9）收集的滴丸在接丸盘中滤油15min，然后装进干净的脱油用布袋，放入离心机内脱油，启动离心机2～3次，待离心机完全停止转动后取出布袋。

（10）滴丸脱油后，利用合适规格的大、小筛丸筛，分离出不合格的大丸、小丸和碎丸，中间粒径的滴丸为正品，倒入内有干净胶袋的胶桶中，胶桶上挂有物料标识，标明品名、批号、日期、数量和填写人。

（11）连续生产时，当滴罐内药液滴制完毕时，关闭滴头开关，将“气压”和“真空”旋钮调整到最小位置，然后按上述（2）～（10）项进行下一循环操作。

（三）生产结束

（1）关闭滴头开关。

（2）将“气压”和“真空”旋钮调整到最小位置，关闭面板上的“制冷”“油泵”开关。

（3）将盛装合格滴丸的胶桶放于暂存间。

（4）收集产生的废丸，如工艺允许可循环再用于生产；否则用胶袋盛装，称重并记录数量，放于指定地点作废弃物处理。

（四）质量控制要点

（1）滴丸外形：要求圆整、无粘连、无拖尾。

（2）重量差异：应符合规定。

（3）溶散时限：应符合规定。

三、清洁清场

（1）按清场程序和设备清洁规程清理工作现场、工具、容器具和设备，并请QA人员检查，合格后发给清场合格证。

（2）撤掉运行状态标识，挂清场合格标识。

（3）暂停连续生产的同一品种时要将设备清理干净，按清洁程序清理现场。

(4) 及时填写“批生产记录”“设备运行记录”、“交接班记录”等。

(5) 关好水、电开关及门，按进入程序的相反程序退出。

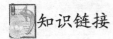

知识链接

滴丸剂的制备

一、滴丸常用基质与冷凝液

1. 基质

(1) **基质的条件：**①熔点较低（60～100℃）或加热能熔化成液体，而遇骤冷后又能凝成固体，加入主药后仍能保持上述物理状态；②不与主药发生作用，不影响主药的疗效与检测；对人体无不良反应。

(2) **基质的分类：**有水溶性基质和水不溶性基质。水溶性的基质有聚乙二醇（相对分子质量 6000）或聚乙二醇（相对分子质量 4000）、硬脂酸钠、甘油明胶等。水不溶性的基质有硬脂酸、单硬脂酸甘油酯、虫蜡、蜂蜡、氢化植物油等。

2. 冷凝液

(1) **冷凝液的要求** 冷凝液用来冷却滴出的液滴，使之冷凝成固体药丸。冷凝液的基本要求包括：①不溶解主药、基质，不与主药、基质发生作用，不影响疗效；②有适宜的相对密度，与液滴的相对密度要接近，以利于液滴逐渐下沉或缓缓上升而充分凝固，丸型圆整；③有适当的黏度，使液滴与冷凝液间的黏附力小于液滴的内聚力而收缩凝固成丸。

(2) **常用冷凝液** ①水溶性冷凝液有水及不同浓度乙醇、稀酸溶液等，适于非水溶性基质滴丸；②非水溶性冷凝液有液状石蜡、二甲基硅油、植物油或其混合物等，适于水溶性基质滴丸。

二、药物在基质中的状态

滴丸的制备原理是基于固体分散法。

1. 固体药物分散在基质中的状态

(1) **形成固体溶液** 固体溶剂（基质）溶解固体溶质（药物）而成。药物颗粒被分散到最小程度，即分子或胶体大小，有的呈均匀透明体，故称玻璃液。

(2) **形成微细晶粒** 某些难溶性药物与水溶性基质熔成溶液。但在冷却时，由于温度下降，溶解度小，药物会部分或全部析出。由于骤冷条件，基质粘滞度迅速增大，药物来不及集聚成完整的晶体，只能以胶态或微细状的晶体析出。

(3) **形成亚稳定型结晶或无定型粉末** 晶型药物在制成滴丸过程中，通过熔融、骤冷等处理，可增大药物的溶解度。

2. 液体药物分散在基质中的状态

(1) **使液体固化即形成固态凝胶（基质与药物相互溶解）。**

(2) **形成固态乳剂** 在熔融基质中加入不溶的液体药物，再加入表面活性剂，搅拌，使其形成均匀的乳剂，其外相是基质，内相是液体药物，在冷凝成丸后，液体药物即形成细滴，分散在固体的滴丸中。

(3) **由基质吸收容纳液体药物** 如聚乙二醇（相对分子质量 6000）可容纳 5%～10%的液体。对于剂量较小、难溶于水的药物，可选用适当溶剂，溶解后加入基质中，滴制成丸。

三、滴丸制备及影响其质量的因素

（一）滴丸的制备

1. 工艺流程

滴丸剂的生产工艺流程一般为：

药物+基质→混悬或熔融→滴制→冷却→洗丸→干燥→选丸→质检→包装

将主药溶解、混悬或乳化于适宜的熔融的基质中，并保持恒定的温度（80～100℃），经过大小管径的滴头等速滴入冷凝液中，凝固形成的丸粒徐徐沉入器底或浮于冷凝液的表面，取出，洗去冷凝液，干燥即成滴丸。

2. 生产设备

滴丸多由机械生产，制备滴丸的设备主要由滴瓶、冷凝柱和恒温箱三个部分组成，如图 4-3 所示。根据滴头的多少，产量不同，如 20 个滴头的滴丸机生产效率相当于 33 冲压片机的产量。

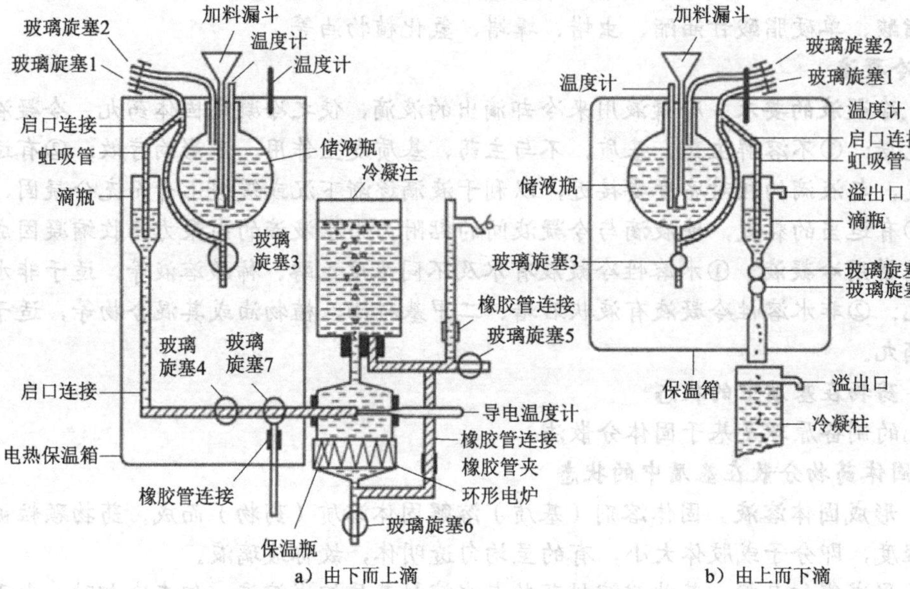

图 4-3 滴丸设备示意图

（二）影响滴丸质量的因素

1. 影响滴丸丸重的因素

（1）滴管口径　滴丸的重量与滴管口径有关，在一定范围内管径大则滴制的丸也大，反之则小。

（2）温度　温度上升表面张力下降，丸重减小；反之则丸重增大。因此，操作中要保持恒温。

（3）滴管口与冷却剂液面的距离　两者之间距离过大时，液滴会因重力作用被跌散而产生细粒，因此两者距离不宜超过 5cm。

（4）滴速　未滴下的残留药量与滴速有关，速度越快，残留的药量越少。

2．影响滴丸圆整度的因素

（1）液滴在冷却液中移动速度　液滴与冷却液的密度相差大、冷却液的黏滞度小都能增加移动速率。移动速率越快，受的力越大，其形状越扁。

（2）液滴的大小　液滴小，液滴收缩成球体的力大，因而小丸的圆整度比大丸好。

（3）冷凝剂性质　适当增加冷凝剂和液滴亲和力，使液滴中的空气尽早排出，保护凝固时丸的圆整度。

（4）冷凝剂温度　最好是梯度冷却，有利于滴丸充分成型冷却。若使用甲基硅油作冷却剂则不必分步冷却，只需控制滴丸出口温度（40℃左右）即可。

想一想

1．胶丸和滴丸有什么不同？

2．滴丸剂的基质分哪几类？

3．滴丸出现带“尾巴”现象，应如何解决？

练一练

1．滴丸剂常用的冷凝液有______类、______类、______及______类。

2．滴丸剂的工艺流程是______。

操作工序四　装　　瓶

一、准备工作

（一）生产人员

本工序生产人员应提前学习与本工序相关的技术文件，掌握本工序的操作要点。

生产人员的素质要求及进入洁净区的程序参见本项目操作工序一。

（二）生产环境

本工序生产环境的要求按 GMP（2010 年版）有关 D 级洁净区的规定执行，具体参见操作工序一。

（三）生产文件

1．滴丸剂装瓶岗位操作法

2．数粒瓶装联动线标准操作程序

3．装瓶生产前的确认记录

4．装瓶生产操作记录

5．装瓶工序清场记录

（四）生产用物料

按批生产指令单所列的物料，从上一道工序或物料间领取物料（滴丸及塑料瓶）备用。

（五）设施、设备

本工序主要使用设备为数粒瓶装联动线（图 4-4）。

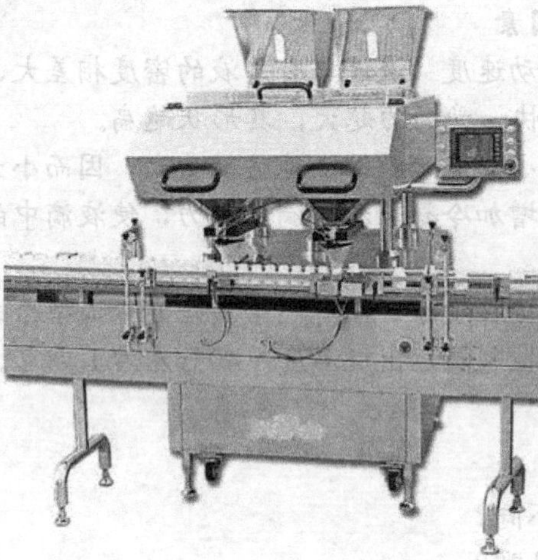

图 4-4　数粒瓶装联动线

二、生产过程

（一）生产操作

（1）操作人员戴好口罩和一次性手套。

（2）打开总电源开关。

（3）设定参数，使送瓶速度达 10 瓶/min。开启理瓶机构，将空的药瓶送到数粒机出粒嘴下。

（4）按数粒瓶装联动线标准操作规程开动电子数粒机数粒，设定参数（调节数粒振动大小），使 100 粒/瓶。

（5）刚开始几瓶可能不准，应倒入数粒盘中重数。

（6）按数粒瓶装联动线标准操作规程开启旋盖机，开启电磁感应铝箔封口机，按 10 瓶/min 的要求设定操作参数后，正常运行。

（7）装上标签贴纸，开启贴标机，对每瓶进行贴签。

（二）质量控制要点

（1）外观　抽检 20 个包装单位，要求标签牢固、洁净，字迹清楚。瓶盖倾斜度大于 3mm 的，不超过 1 瓶。注意核对标签上的品名、批号有效期打印须准确无误。

（2）每瓶的装量数　瓶装装量小于 100 粒装的，抽检 10 个包装单位，误差不得超过 1 个包装单位，范围不超过±1 粒。100 粒装的，抽检 10 个包装单位，误差不得超过 1 个包装单位，范围不超过±2 粒。100～500 粒装的，抽检 10 个包装单位，误差不得超过 1 个包装单位，范围不超过±3 粒。大于 500 粒装的，抽检 5 个包装单位，误差不得超过 1 个包装单位，范围不超过±5 粒。

三、清洁清场

（1）按清场程序和设备清洁规程清理工作现场、工具、容器具和设备，并请 QA 人员检查，合格后发给“清场合格证”。

（2）撤掉运行状态标识，挂清场合格标识。

（3）暂停连续生产的同一品种时要将设备清理干净，按清洁程序清理现场。

（4）及时填写“批生产记录”“设备运行记录”“交接班记录”等。

（5）关好水、电开关及门，按进入程序的相反程序退出。

操作工序五　外　包　装

本工序要求按如下工艺参数进行操作：

（1）装小盒　每小盒内装 1 瓶滴丸，放 1 张产品说明书。

（2）装中盒　每 10 小盒为 1 中盒，封口。

（3）装箱　将封好的中盒装置于已封底的纸箱内，每 10 中盒为 1 箱，然后用封箱胶带封箱，打包带（2 条/箱）。

其他要求可参见项目一　子项目一　操作工序四　外包装。

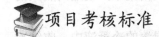

项目考核标准

滴丸剂的制备考核标准见表 4-5。

表 4-5　滴丸剂的制备考核标准

序　　号	考试内容	操 作 内 容		分　值	现场考核情况记录	得　　分
1	洗手更衣	穿洁净工作鞋衣，顺序合理、动作规范，洗手动作规范		5		
2	操作前检查	温度、相对湿度、静压差、操作间设备、仪器状态标识检查和记录		5		
3	生产操作	称量	物料的领取，选用和使用称量设备	50		
		配制	配制罐滴丸机的熟练使用，配制操作的正确及熟练程度，物料混合均匀			
		滴制	滴丸机的熟练使用，丸粒大小均匀，有光泽			
		装瓶	包装严密，数量准确			
		外包装	数量的准确性，操作熟练程度			
4	清场	挂待清场状态标识，清除物料，清洁工作间，挂已清场状态标识		10		
5	生产记录	物料记录、温湿度记录、生产过程记录		5		
6	团队协作	组员之间沟通情况，配合和协调情况		10		
7	安全生产	影响安全的行为和因素		10		
8	按时完成生产任务	按时完成生产任务		5		
		总分		100		

综合练习题

一、单项选择题

1．下列关于滴丸剂概念正确的叙述是（　　）。

A．系指固体或液体药物与适当物质加热熔化混匀后，滴入不相混溶的冷凝液中，收缩冷凝而制成的小丸状制剂

B．系指液体药物与适当物质溶解混匀后，滴入不相混溶的冷凝液中，收缩冷凝而制成的小丸状制剂

C．系指固体或液体药物与适当物质加热熔化混匀后，混溶于冷凝液中，收缩冷凝而制成的小丸状制剂

D．系指固体或液体药物与适当物质加热熔化混匀后，滴入溶剂中，收缩而制成的小丸状制剂

E．系指固体药物与适当物质加热熔化混匀后，滴入不相混溶的冷凝液中，收缩冷凝而制成的小丸状制剂

2．从滴丸剂组成、制法看，（　　）不是滴丸剂的优点。

A．设备简单、操作方便、利于劳动保护，工艺周期短、生产率高

B．工艺条件不易控制

C．基质容纳液态药物量大，故可使液态药物固化

D．用固体分散技术制备的滴丸具有吸收迅速、生物利用度高的特点

E．发展了耳、眼科用药新剂型

3．滴丸剂的制备工艺流程为（　　）。

A．药物＋基质→混悬或熔融→滴制→洗丸→冷却→干燥→选丸→质检→分装

B．药物+基质→混悬或熔融→滴制→冷却→干燥→洗丸→选丸→质检→分装

C．药物+基质→混悬或熔融→滴制→冷却→洗丸→选丸→干燥→质检→分装

D．药物+基质→混悬或熔融→滴制→洗丸→选丸→冷却→干燥→质检→分装

E．药物+基质→混悬或熔融→滴制→冷却→洗丸→干燥→选丸→质检→分装

4．以水溶性基质制备滴丸时应选用的冷凝液是（　　）。

A．水与醇的混合液　　B．液体石蜡

C．乙醇与甘油的混合液　　D．液体石蜡与乙醇的混合液

E．以上都不行

5．下列关于微丸剂概念叙述正确的是（　　）。

A．特指由药物与辅料构成的直径小于 0.5mm 的球状实体

B．特指由药物与辅料构成的直径小于 1mm 的球状实体

C．特指由药物与辅料构成的直径小于 1.5mm 的球状实体

D．特指由药物与辅料构成的直径小于 2mm 的球状实体

E．特指由药物与辅料构成的直径小于 2.5mm 的球状实体

6. 将灰黄霉素制成滴丸剂的目的在于（　　）。

A. 增加溶出速度　　B. 增加亲水性

C. 减少对胃的刺激　　D. 增加崩解

E. 使具有缓释性

二、多项选择题

1. 从滴丸剂组成、制法看，它具有（　　）的特点。

A. 设备简单、操作方便、利于劳动保护，工艺周期短、生产效率高

B. 工艺条件易于控制

C. 基质容纳液态药物量大，故可使液态药物固化

D. 用固体分散技术制备的滴丸具有吸收迅速、生物利用度高的特点

E. 发展了耳、眼科用药的新剂型

2. （　　）是滴丸剂的常用基质。

A. PEG 类　　B. 肥皂类　　C. 甘油明胶　　D. 硬脂酸

E. 硬质酸钠

3. 水溶性基质制备的滴丸应选用的冷凝液是（　　）。

A. 水与乙醇的混合物　　B. 乙醇与甘油的混合物

C. 二甲硅油　　D. 煤油和乙醇的混合物

E. 液状石蜡

4. 保证滴丸圆整成型、丸重差异合格的关键是（　　）。

A. 适宜基质　　B. 适合的滴管内外口径

C. 及时冷却　　D. 滴制过程保持恒温

E. 滴管口与冷却液面的距离

5. 滴丸剂的质量要求有（　　）。

A. 外观　　B. 水分

C. 重量差异　　D. 崩解时限

E. 融散时限

6. 滴丸基质应具备的条件是（　　）。

A. 熔点较低或加热（60～100℃）下能熔成液体，而遇骤冷又能凝固

B. 在室温下保持固态

C. 要有适当的粘度

D. 对人体无毒副作用

E. 不与主药发生作用，不影响主药的疗效

7. 固体药物在滴丸的基质中分散的状态可以是（　　）。

A. 形成固体溶液　　B. 形成固态凝胶

C. 形成微细结晶　　D. 形成无定型状态

E. 形成固态乳剂

8. 关于滴丸丸重的叙述正确的是（　　）。

A. 滴丸滴速越快丸重越大

B．温度高丸重小

C．温度高丸重大

D．滴管口与冷却剂之间的距离应大于 5cm

E．滴管口径大丸重也大，但不宜太大

9．为改善滴丸的圆整度，可采取的措施是（　　）。

A．液滴不宜过大

B．液滴与冷却液的密度差应相近

C．液滴与冷却剂间的亲和力要小

D．液滴与冷却剂间的亲和力要大

E．冷却剂要保持恒温，温度要低

附　录

附录 A　药物制剂的新剂型简介

一、缓释与控释制剂

（一）缓释制剂

缓释制剂（sustained-release preparations）系指药物按要求缓慢地非恒速释放，与普通制剂比较治疗作用持久，毒副作用低，用药次数减少的制剂。缓释制剂每 24h 的用药次数可减少至 1～2 次以下。近些年来，缓释制剂在抗心律失常药、镇痛药、抗生素和降压药等方面均有应用。

1．缓释制剂的特点和组成

一般制剂必须一日几次给药，而且每次给药后血药浓度都会出现峰谷现象。每 4 小时服药血药浓度示意图如图附 A-1 所示。

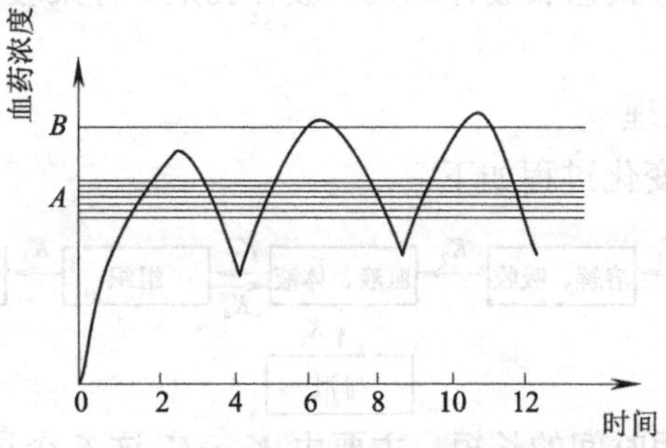

图附 A-1　每 4 小时服药血药浓度示意图

A—最适宜的治疗浓度区域　*B*—可能发生中毒区域

血药浓度高时（峰处），还可能产生中毒。缓释与控释制剂可以克服此种峰谷现象，能使血药浓度维持在比较平稳而持久的有效范围内，同时也提高了药物使用的安全性，图附 A-2 为常规制剂、缓释制剂和控释制剂产生的血药浓度比较示意图。

缓释制剂与控释制剂的主要区别在于，后者的释药速度为零级或接近于零级速度，也即恒速或接近恒速释药，且不受体内环境的 pH 值、酶、离子强度以及胃肠蠕动等因素的影响。

缓释制剂一般由缓释、速释两部分药物组成，缓释部分能在体内长时间缓缓释药，维持有效的血药浓度。速释部分在体内能很快地释放、吸收，迅速达到有效血药浓度。

但是，下列药物不适于支撑缓释制剂：①生物半衰期很短（$t_{1/2}$ 小于 1h）时，需要很大剂量才能制成一个缓释制剂，不论口服或注射都不方便；②$t_{1/2}$ 太长，如超过 12h 以上的药物，一般无必要制成缓释制剂；③一次剂量很大的药物（大于 1g）不宜制成缓释制剂，因为在缓释制剂中所含的药物往往超过一次剂量，对那些药效剧烈的药物，如制剂设计不周密，工艺不良或释药太快，就可能使患者中毒；④溶解度小、吸收无规则、吸收差或吸收易受影响的药物不宜制成缓释制剂；⑤在肠中具有“特定部位”吸收的药物，如维生素 B_2，有效吸收部位在小肠的上段，而在结肠中仅能吸收药量的 9%，所以不宜制成缓释制剂。

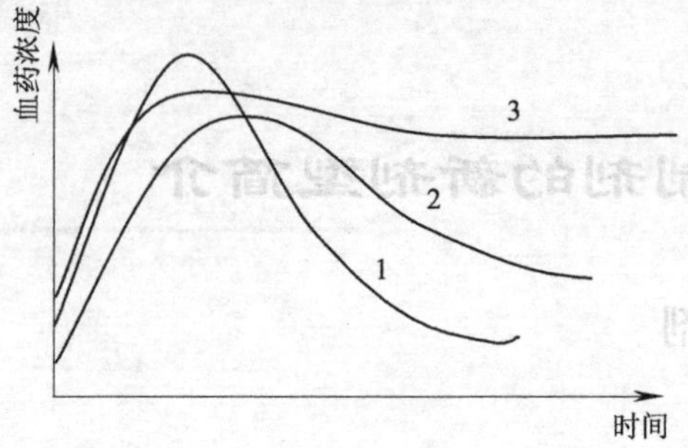

图附 A-2　常规制剂、缓释制剂和控释制剂产生血药浓度比较示意图

1—常规制剂　2—缓释制剂　3—控释制剂

2．缓释制剂的分类

缓释制剂按给药途径可分为：①不经胃肠道给药的缓释制剂，如注射剂、膜剂、栓剂和植入剂等；②经胃肠道给药的缓释制剂，如丸剂、胶囊剂（肠溶胶囊、涂膜胶囊）和片剂（骨架片、包衣片、多层片）等。

按制备工艺，可分为薄膜包衣缓释制剂、缓释乳剂、骨架缓释制剂、注射用缓释制剂、缓释膜剂、缓释微囊剂等。

3．缓释制剂的设计原理

药物在体内的运转、变化过程如下：

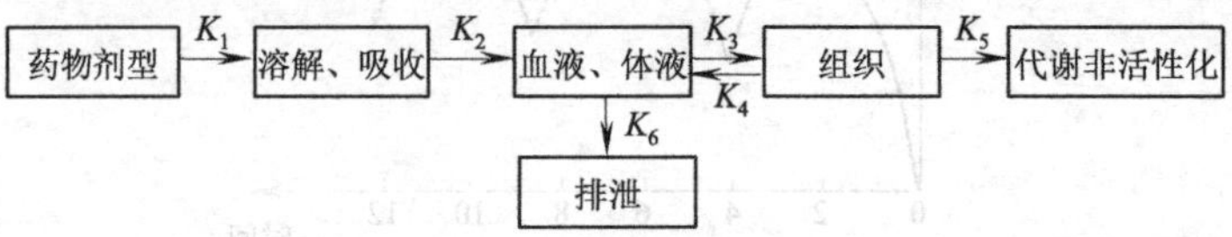

药物在体内的有效作用时间的长短，主要由 K_1～K_6 这 6 个过程的速度常数来决定。因此，缓释制剂设计的目的就是使 K 值减小，如减小 K_1、K_2，就可以延缓药物的释放与吸收。

制备较理想的缓释制剂，首剂量必须含有速释部分与缓释部分的两部分药量。速释部分的药量能迅速在体内建立起治疗所需要的最佳血药水平；缓释部分药量是指释放较慢的恒速释药量，能在体内较长时间维持最佳血药水平。有的缓释制剂中的速释部分与缓释部分间隔释药，还有一些缓释制剂的速释部分和缓释部分同时释药。

4．缓释制剂的制法

缓释制剂可按化学方法制备或按药剂学方法制备。

（1）按化学方法制备　用化学方法将药物进行化学结构改变，制成不同的盐类、酯类和酰胺类等，使药物成为不易水解的衍生物，达到改变吸收性能而延长疗效的目的。如青霉素制成溶解度较小的青霉素普鲁卡因盐，作用时间可由原来的 5h 延长至 24~48h；生物碱类药物的鞣酸形成难溶性的丙咪嗪鞣酸，N-甲基阿托品鞣酸盐；醇型激素睾丸素，经酯化制成睾丸素丙酸酯、睾丸素环戊丙酸酯和庚酸酯等。又如核黄素的月桂酸酯，用

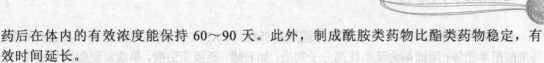

药后在体内的有效浓度能保持 60～90 天。此外，制成酰胺类药物比酯类药物稳定，有效时间延长。

（2）按药剂方法制备　药剂方法工艺原理主要基于使药物溶出速率减少和扩散速度减慢。

1）减少溶出速度。因为药物的溶出速度与药物的粒径、表面积和药物的溶解度有关，可通过增大药物粒径、减小药物溶解度等方法使药效延长。常用方法有这几种：

① 将药物包藏于溶蚀性或亲水性的骨架中，药物分散于脂肪类、蜡类等基质中，在消化道消化液慢慢溶蚀而释放，脂肪、蜡类等物质在此也称阻滞剂或溶蚀性骨架。此外，尚有蜂蜡、硬脂酸、氢化植物油、硬脂酸丁酯、蔗糖单（双）硬脂酸酯、单硬脂酸甘油酯和卡那巴蜡等，都是疏水性或在水中极难溶的脂类基质。将药物溶于或混悬于这些热熔的基质中，冷却后粉碎成粉末或小粒，装于胶囊中或制成片剂；或将一部分药物制成上述颗粒，另一部分药物制成普通颗粒，以一定比例混合均匀制成胶囊剂或片剂；速释部分显效较快，缓释部分在胃肠道被消化液溶蚀而缓慢释放吸收。其释放速度与溶蚀速度有关。如将土霉素用硬脂酸作骨架物质制成片剂，临床使用时每 12h 服 1 片即可。

② 也可用亲水性高分子物质为骨架材料，加入适宜的稀释剂与药物混匀制成片剂，当接触体液后可吸水膨胀，或遇水变成高分子溶液或胶体溶液，粘度较大，使药物扩散运动减慢而延长药物的释放过程。常用的亲水高分子物质有甲基纤维素（MC）、羧甲基纤维素钠、羟丙基纤维素（HPC）、羟丙基甲基纤维素（HPMC）、羟丙基淀粉（HPS）、聚乙烯吡咯烷酮（PVP）和羟乙烯聚合体等，如硫酸奎尼丁与羟丙基甲基纤维素制成片剂即是。

③ 盐类药物制成油液型注射剂，把难溶性盐类药物混悬于植物油中制成油注射液，药物经注射后先由油相分配至水相（体液）而起缓释作用，药物的疗效约延长 2～3 倍。如普鲁卡因青霉素混悬于植物油中制成注射液，在体内作用时间可维持 24h。

④ 控制药物粒子大小，如超慢性胰岛素含胰岛素锌晶粒较大（>10μm），作用可长达 30 余小时，而含晶粒较小（<2μm）的半慢性胰岛素锌，作用时间有 12～14h。

2）减小扩散速度　减小制剂中药物向体液的扩散速度就可以延长药物的吸收时间，可以认为控制使扩散降低，常用下列工艺方法。

① 可采用薄膜包衣方法，将药物小丸或片剂用合成的高分子材料包衣。以小丸形式包衣较为合理，可分出一部分小丸不包衣，其他小丸分成 2～3 组，包厚度不等的衣层，取各组小丸一定比例混合装入胶囊。口服后，释药情况如图附 A-3 所示。

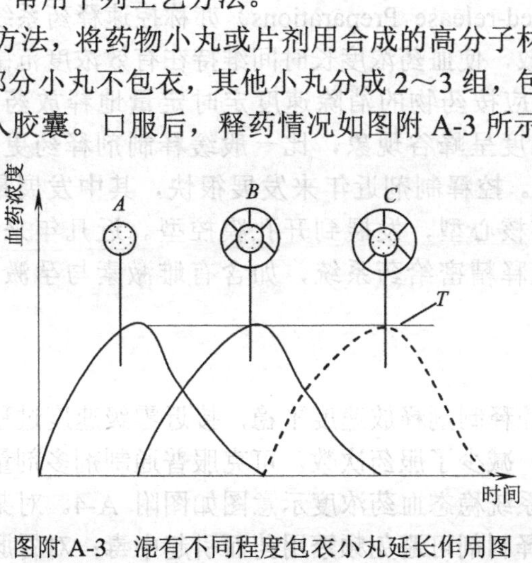

图附 A-3　混有不同程度包衣小丸延长作用图

A—不包衣小丸　*B*—包较薄衣层的小丸　*C*—包较厚衣层的小丸　*T*—*ABC* 相加的血药浓度-时间曲线

包衣材料有肠溶材料，如邻苯二甲酸醋酸纤维（CAP）、甲基丙烯酸树脂、聚乙烯甲醚/马来酸酐半酯等；阻滞剂为疏水性高分子物质，如石蜡、高级脂肪酸、单或双硬脂酸甘油酯等，可阻滞水溶性药物的溶解—释放。

② 还可制成骨架片，如将药物用不溶性的无毒塑料，如聚氯乙烯、聚乙烯、聚乙烯乙酸酯、聚甲基丙烯酸酯和硅橡胶等为骨架，按一定比例制成缓释骨架片。这类片剂的制备方法，可将药物与塑料直接混合压片；或将药物粉碎与塑料制粒，压片；或将药物与塑料溶于有机溶剂中，蒸发后形成固体溶液或药物微粒外层包附塑料层，再制成颗粒，压片。

这种骨架片服用后，消化液先使表面药物溶解、释放（速释部分），后对骨架平片进行渗透、进入，使药物溶解释放（缓释部分）。带药物释放完后，骨架可随粪便排出体外。

③ 制成缓释微囊，制备的微囊膜为半渗透膜，胃肠中的水分可渗入囊内，将药物溶解后再扩散到囊外而被机体吸收。囊膜的厚度、孔径、微孔弯曲度等决定药物的释放速度。

④ 制成药树脂是离子型药物与离子交换树脂复合物的缓释制剂。如阳离子交换树脂与有机胺类药物的盐交换；阴离子交换树脂与有机羧酸盐会磺酸盐交换而成为药树脂。制成胶囊剂或片剂等，口服后，在胃肠液中药物再被交换而缓慢释出。目前已有维生素 B_1、维生素 B_2、维生素 B_6、维生素 B_{12}、维生素 C、烟酸、叶酸和阿托品等制成的药树脂制剂。

⑤ 制成植入剂。可将水不溶性药物（如激素）熔融后倒入模型中或重压法制成，经手术埋藏于皮下，药效可长达数月甚至 2 年。睾丸素、乙酸去氧皮质甾酮等均已制成植入剂。

⑥ 水溶性药物可以精制羊毛醇和植物油为油相制成乳剂，临用时加入水性溶剂猛力振摇，即成为 W/O 乳剂性注射剂。肌注后水相中的药物向油相扩散，再由油相分配到体液，起到缓释作用。另外，一些药物的混悬液也具有延缓释放的功能。

（二）控释制剂

控释制剂（Controlled-release Preparations）亦称控速释药系统，是指药物从制剂中缓慢地恒速或接近恒速释放，使血药浓度长时间维持在有效浓度范围的一类制剂。

优良的控释制剂，应按药物的消除速度定时定量地释放药物，克服普通制剂多次给药后所表现的血药浓度呈峰谷现象，比一般缓释制剂释药更理想，可提高药物的安全性、有效性和适应性。控释制剂近年来发展很快，其中发展最快的是口服控释制剂，工艺技术从简单的肠溶核心型，发展到开孔膜控型。近几年来，国外又研制开发了一些非常长效的小剂量恒释精密给药系统，如含有雌激素与孕激素的宫内给药器，可恒速释药 3 周。

1．控释制剂的特点

与普通制剂比较，控释制剂释放速度平稳，接近零级速度过程，可使释药时间延长，一般可恒速释药 8~10h，减少了服药次数，可克服普通制剂多剂量给药后所产生的峰谷现象。普通型和控释给药系统稳态血药浓度示意图如图附 A-4。对某些治疗指数小，消除半衰期短的药物，制成控释制剂可避免频繁用药而引起中毒；对胃肠刺激性大的药物，制成控释制剂就可减少副作用，如阿司匹林等。

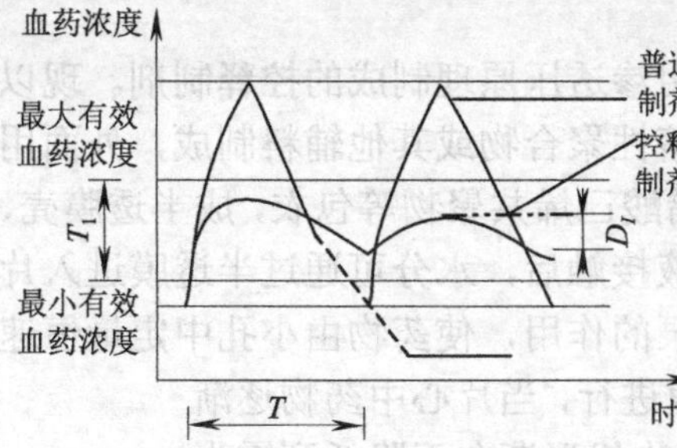

图附 A-4 普通型和控释给药系统稳态血药浓度示意图

2．控释制剂的类型

按剂型分类，可分为控释片剂、胶囊剂、微丸、液体制剂、栓剂、膜剂、透皮贴剂、微囊、微球以及控释植入剂等。

按给药途径，可分为口服控释制剂、透皮控释制剂、直肠控释制剂、眼内控释制剂、子宫内和皮下植入控释制剂等。

3．控释制剂的组成

控释制剂通常要求能按零级或接近零级速度释药，在具体设计时应对各种影响因素作全面考虑。通常控释制剂组成中包括药物贮库、控释部分、能源部分，传递孔道四个部分。

1）药物贮库是储存药物的部位，药物溶解或分散于其中。药物储存量应足以符合治疗的需求，一般是大于设计的释药总量，利用过量的药物作为恒速释药的驱动力。

2）控释部分的作用是建立并维持设计要求的恒速释药速度，如包衣控释片的微孔膜。

3）能源部分供给药物分子从贮库恒速释出的能量。如渗透泵片，在体液中吸水膨胀后产生高于体液的渗透压，使药物分子释出。

4）传递孔道兼有控释作用，如骨架片的网状结构。有的传递孔道可利用激光打孔形成。

药物在控释制剂内的存在形式对释放速度的影响较大：①贮库式，即药物全部被高分子聚合物膜包围；②整体式，即药物融入或混合在聚合物内；③分散式，即在整体式外面再包以聚合物膜，成为包膜整体式制剂。药物在控释制剂中存在的不同形式及其释药速率-时间的关系如图附 A-5。

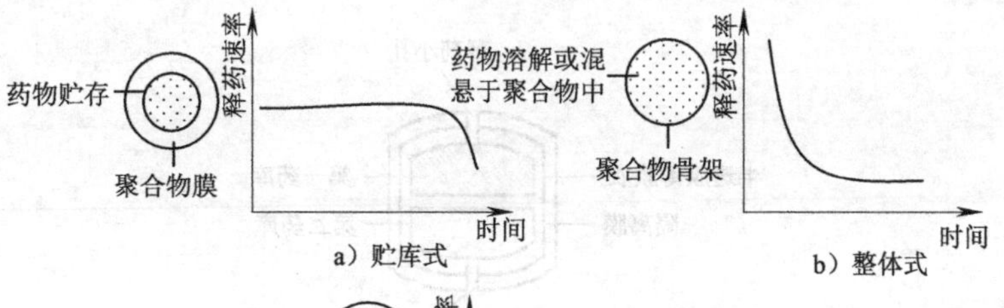

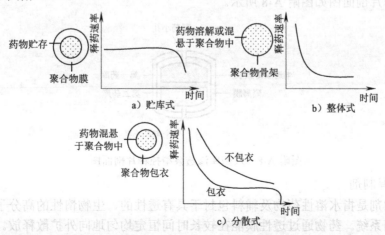

图附 A-5 药物在控释制剂中存在的不同形式及其释药速率-时间的关系

4．渗透泵式控释制剂

渗透泵式控释制剂是利用渗透压原理制成的控释制剂。现以片剂为例阐明其原理和构造。片心为水溶性药物与水溶性聚合物或其他辅料制成，外面用水不溶性材料如醋酸纤维素、乙基醋酸纤维素或己烯醋酸己烯共聚物等包衣，成半透膜壳，壳顶一端用适当方法（如激光）打一小孔。当与消化液接触后，水分可通过半透膜进入片心，使药物溶解成为饱和溶液，借内外渗透压差产生泵的作用，使药物由小孔中定量恒速渗出，其量与渗透入片内的水量相等。释药速度按恒速进行，当片心中药物逐渐低于饱和溶液，释药速度以抛物线形渐向下降低到零为止。渗透泵型片剂剖面图如图附 A-6 所示。

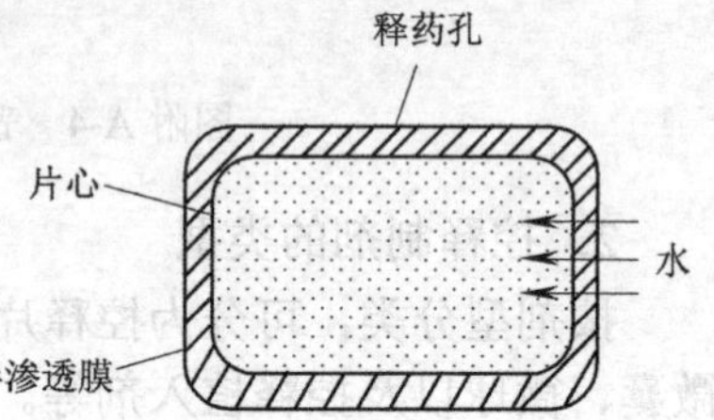

图附 A-6　渗透泵型片剂剖面图

口服双室渗透泵片，与上述不同点是药物装于一室，另一室为产生渗透压的物质。口服后水分通过半透膜渗入膜内，可将产生渗透压的物质溶解而产生巨大的渗透压，而把另一室中的药物压出，达到控速释药的目的。单室与两室渗透泵型控释片剂剖面图如图附 A-7 所示。

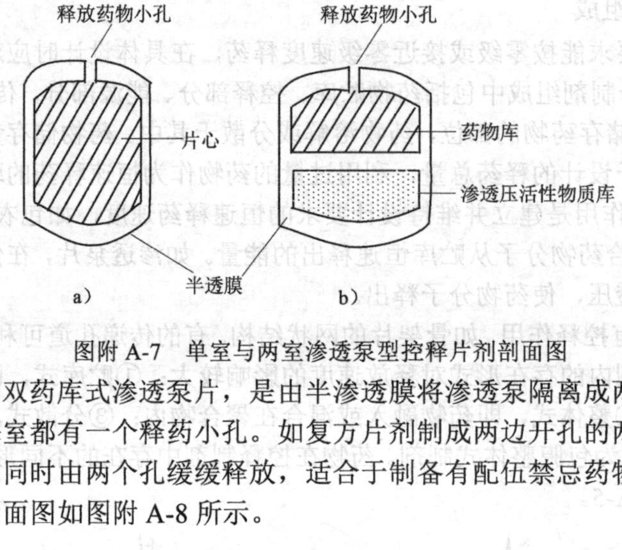

图附 A-7　单室与两室渗透泵型控释片剂剖面图

另外还有一种双药库式渗透泵片，是由半渗透膜将渗透泵隔离成两室，各装一种药物而形成双药库，每室都有一个释药小孔。如复方片剂制成两边开孔的两室渗透泵片，两种药不必混合，分别同时由两个孔缓缓释放，适合于制备有配伍禁忌药物的渗透片。双药库渗透泵型控释片剖面图如图附 A-8 所示。

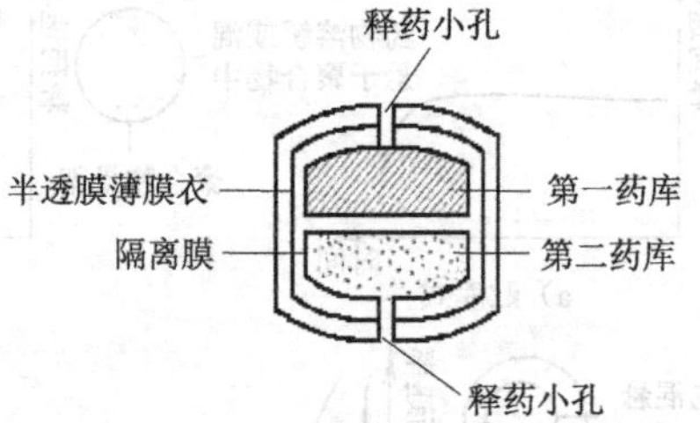

图附 A-8　双药库渗透泵型控释片剖面图

5．膜控释制剂

膜控释制剂是指水溶性药物及辅料包封于具有透性的、生物惰性的高分子聚合物膜中而制成的给药系统。药物通过透性膜能在较长时间恒定均匀地向外扩散释放。这类制剂已用于口服给药、透皮给药、眼内给药和宫内给药等。

（1）**口服膜控释制剂**

1）封闭性透性膜包衣，是将药物和辅料制成药心后再包封透性膜衣制得。如硫酸锂控释片，用醋酸纤维素丙酮溶液包衣，该药安全范围窄，在体内消除快，制成控释膜片后体内有效血药浓度维持时间可延长一倍，还可减少消化道反应的发生率。

膜控释制剂多用于包衣法制备。选择适合的聚合物，包衣膜应紧密而具有通透性。还可先将药物制成药树脂片剂，用水渗透性聚合物（如乙基纤维素）包衣即可。

2）多层膜控释片，将药物分散于水溶性羧基纤维素内，夹于二层交联羧甲基纤维素中，压成多层片，再用适宜的聚合物包衣。在胃肠道中可控制药物从含药羧甲基纤维素中以零级速度释放。

3）微孔膜包衣片，是将片心用掺有致孔剂的透性膜材包衣而制成。用胃肠道中不溶解的乙基纤维素、醋酸纤维素、乙烯-醋酸乙烯共聚物等作为衣膜材料，加入少量的水溶性物质如聚乙二醇类、聚乙烯醇、聚乙烯吡咯烷酮等作为致孔剂，亦可加入滑石粉、二氧化硅等，甚至可将药物加在包衣膜内既作致孔剂又作速释部分，用此包衣液包片剂即成微孔膜包衣片。当与胃肠液接触时，膜上存在的致孔剂遇水而部分溶解或脱落，在包衣膜上形成无数微孔或弯曲小道，使衣膜具有通透性。胃肠道中的液体通过微孔渗入膜内，溶解药物产生一定的渗透压，药物分子便通过这些微孔向膜外扩散释放。扩散的结果使水分又得以进入膜内溶解药物，如此反复，使药物以零级或接近零级速度释放。如以醋酸纤维素为包衣材料，聚乙二醇（相对分子质量 1500）为致孔剂制备的异烟肼控释片，在体外可按零级速度持续释药 8h 以上，健康人服用，体内有效血药浓度可持续约 24h。

（2）**皮肤用控释制剂**　皮下治疗系统（简称 TTS）是将药物制成贴膏形式贴敷于皮肤上，药物可透过皮肤屏障持续、恒速释出并吸收的一种剂型。例如东莨菪碱 1.5mg，贴于耳后，在 72h 内恒速释药 0.5mg，控释膜为微孔聚丙烯薄膜，此膜下面为粘贴层，用以粘附在皮肤上。粘贴层中亦含有东莨菪碱 0.2mg，作为负荷剂量，以加速达到稳态血药浓度。

（3）**眼用控释制剂**　例如治疗青光眼的毛果芸香碱控释眼膜制剂，如图附 A-9 所示，施用于眼结膜上或下陷凹处，规格有每小时恒速释药 20μg 或 40μg 两种，均可维持药效一周。本品中心为毛果芸香碱和海藻酸钠的混合物，成一薄片。上下两层为控速膜材料乙烯醋酸乙烯共聚物（EVA）薄膜。增塑剂用邻苯二甲酸二（2′-乙基）己酯，毛果芸香碱的释放速度随增塑剂用量的增加而增大。使用该系统，一次给药可维持一周的降低眼内压疗效，而且没有滴眼剂那样会因药物剂量过多而引起瞳孔缩小、近视等副作用。

（4）**子宫用控释制剂**　如黄体酮宫内给药器，如图附 A-10 所示，一次给药后，每天释药 65μg，可持续一年。一般用乙烯-醋酸乙烯共聚物（EVA）作为控释层骨架材料制成，形状为 T 型，其垂直空心管（EVA 控速层）作为药物贮库，内装黄体酮（微晶 38mg），均匀混悬于硅油中（硅油 60mg，硫酸钡 10mg）灌入空心管内密封，用环氧乙烷灭菌备用。

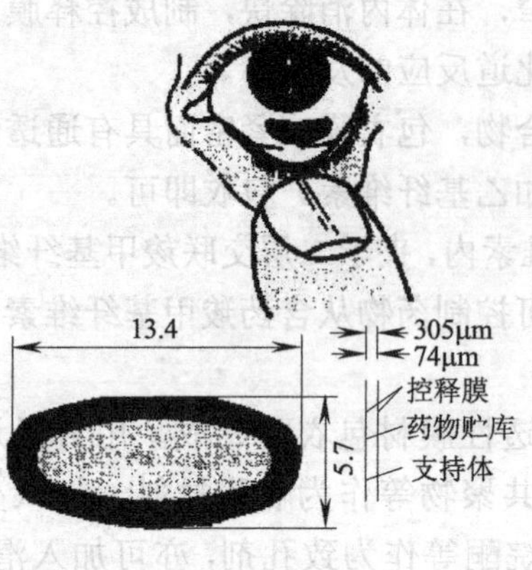

图附 A-9　毛果芸香碱控释眼膜制剂

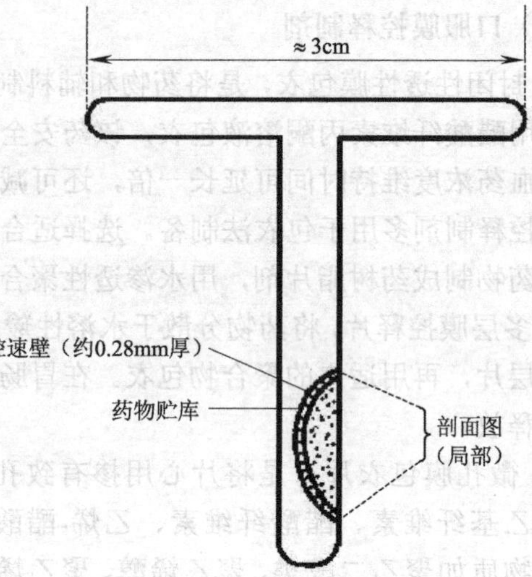

图附 A-10　黄体酮宫内给药器

6. 胃内滞留型控释制剂

胃内滞留控释制剂是指将药物与亲水胶体及其他辅料混合制成，利用黏度和浮力滞留于胃液中，增加胃内吸收的缓释片或胶囊等制剂，如图附 A-11 所示。

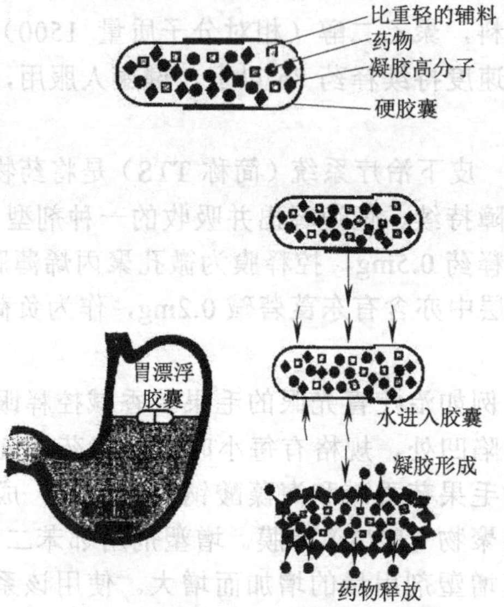

图附 A-11　胃内滞留胶囊

（1）**胃内漂浮片**　胃内漂浮片又称胃内滞留片，是由药物和亲水胶体及其他辅料混合制成。服用后亲水胶体吸水膨胀，使密度减少且具有较高粘稠度，有利于制剂漂浮和滞留。常用的亲水胶体有 HPMC、HPC、MC、EC、CMC-Na 等。片剂与胃液接触时形成胶体屏障膜并长时间滞留于胃内，以达到能控制片内药物溶解、扩散的速度。为了提高漂浮能力，还可加入适量密度较低的脂肪类物质，如硬脂醇、硬脂酸、单硬脂酸甘油酯和蜂蜡等。

（2）**胃内漂浮片的类型**　胃内漂浮片有单层片和双层片两种，如图附 A-12、图附 A-13。

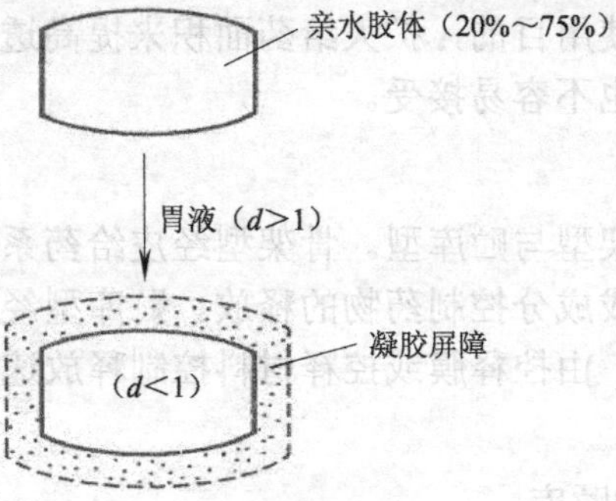

图附 A-12　单层胃内漂浮片

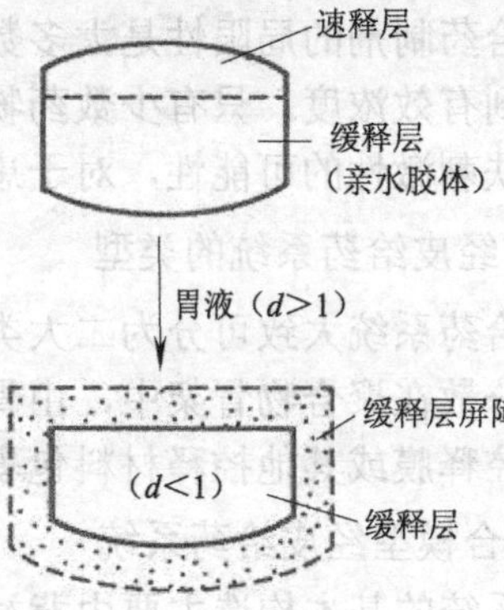

图附 A-13　胃内漂浮双

普通胃内漂浮单层片，与胃液接触时表面形成凝胶屏障，并浮于胃液面上缓慢释药。胃内漂浮双层片，是由速释层和缓释层组成。当速释层药物释放完后，缓释层吸收胃液，表面形成一层非渗透性凝胶屏障，并浮于胃液面上，直至将药物全部释出。

（3）**胃内漂浮—控释组合给药系统**　胃内漂浮-控释组合给药系统如图附 A-14 所示，是由贮库装以漂浮室而成，漂浮室内为真空或充气（空气或无害气体）。药物贮库被顶部和底壁上有微孔而周围完全密封的控释膜所包裹。

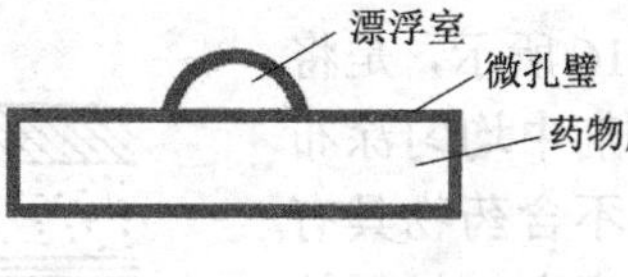

图附 A-14　胃内漂浮-控释组合给药系统

二、经皮给药制剂

经皮给药制剂（简称 TDDS 系统）又称透皮治疗系统（简称 DDS），是药物经皮肤吸收进入全身血液循环，进行疾病预防或治疗的一类制剂。此类制剂多为贴片或贴剂，也有软膏剂、硬膏剂、涂剂和气雾剂等。TDDS 制剂既可以起局部治疗作用也可以起全身治疗作用，为一些局部性病痛和慢性疾病的治疗及预防创造了方便和行之有效的给药方法。

（一）经皮给药制剂的特点

与常用普通剂型，如口服片、胶囊或注射剂等比较，经皮给药制剂避免了口服给药可能发生的肝脏首过效应及肠胃灭活，提高了治疗效果；能维持恒定的血药浓度或药理效应，用药期间吸收速度和吸收量不会出现明显变化，血药浓度波动小，由此产生的不良反应得以避免；能延长作用时间，减少用药次数，给药方式方便；患者可以按医嘱自主用药，增强用药的顺应性；个体差异相对减小。此外，也可消除药物的胃肠反应。例如硝酸甘油，口服给药则有 90%的药物被肝脏所破坏；虽然舌下给药起效快，但维持时间短，不能用于心绞痛的预防。硝酸甘油 TDDS 系统则可稳定释药 24h 以上，只需 1 天给药 1 次，有的用药 1 次可发挥有效作用 3~7 天，能预防心绞痛的发作。

经皮给药制剂的局限性是大多数药物透过皮肤屏障的速度很小，到达大循环的药物量往往达不到有效浓度，只有少数药物能达到使用目的，扩大给药面积来提高透过量又增加了发生皮肤刺激性的可能性，对于患者来说也不容易接受。

（二）经皮给药系统的类型

经皮给药系统大致可分为二大类，即骨架型与贮库型。骨架型经皮给药系统是药物溶解或均匀分散在聚合物骨架中，由骨架的组成成分控制药物的释放。贮库型经皮给药系统是药物被控释膜或其他控释材料包裹成贮库，由控释膜或控释材料控制释放速度。

1．复合模型经皮给药系统

该类系统的基本构造主要由背衬膜、药物贮库、控释膜、含药压敏胶层和保护膜组成，如图附 A-15 所示。药物贮库是将药物分散在聚异丁烯压敏胶或聚合物膜中，加入液体石蜡作增黏剂。控释膜是由聚丙烯加工而成的微孔膜或无孔膜。胶粘层可用聚异丁烯压敏胶，加入药物作为负荷剂量，使药物能较快达到治疗的血药浓度。属于这类经皮给药系统的有，可乐定经皮给药系统和东莨菪碱经皮给药系统等。

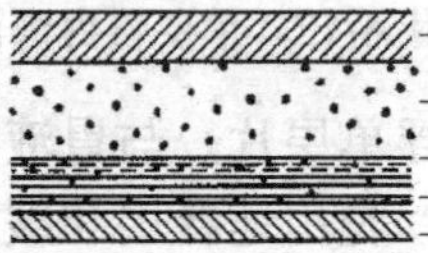

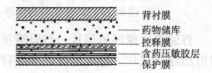

图附 A-15　复合模型经皮给药系统示意图

2．胶粘层限速型经皮给药系统

该给药系统的构造如图附 A-16 所示，是将药物分散（溶解或热熔）在胶粘剂中均匀涂布在背衬膜上，成为药物贮库，将不含药物具有限速作用的胶粘层再铺在药物贮库上，加保护膜即可。硝酸甘油经皮给药系统即属此种类型。

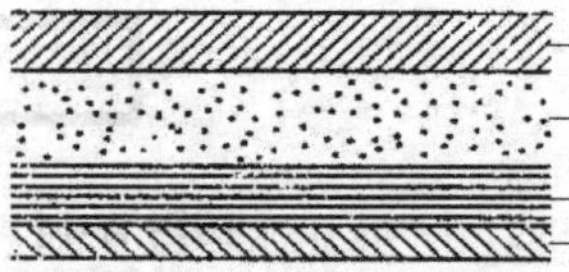

图附 A-16　胶粘层限速型经皮给药系统示意图

3．胶粘剂骨架型经皮给药系统

该给药系统结构如图附 A-17 所示，是将药物分散在胶粘剂中，铺于背衬膜上，加保护膜而成。常用的胶粘剂有聚硅氧烷类、聚丙烯酸酯类和聚异丁烯类压敏胶等。

如果给药系统只有一层胶粘剂骨架，药物的释放速度往往随时间而减慢。为了克服这个缺点，可以采用成分不同的多层胶粘剂膜，与皮肤接触的最外层含药量低，内层含药量高，使药物释放速度近似于恒定，如图附 A-18。

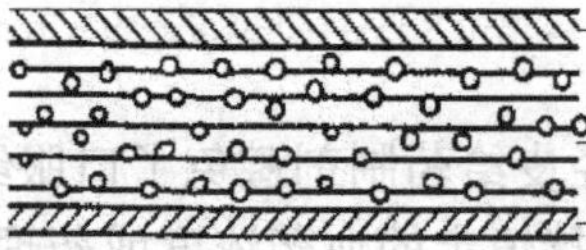

图附 A-17　胶粘剂骨架型经皮给药系统示意图

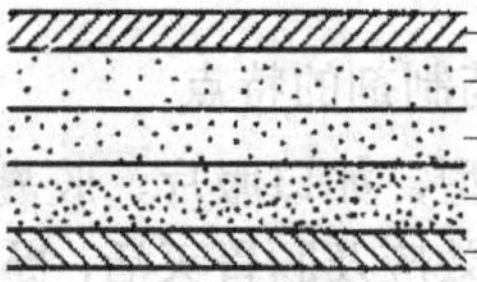

图附 A-18　多层胶粘剂经皮给药系统示意图

4．微孔骨架型经皮给药系统

该给药系统是由背衬膜、含药微孔骨架、胶粘层和保护膜四部分组成，如图附 A-19 所示。微孔骨架材料有聚砜、聚氯乙烯、聚氨酯、聚碳酸酯和纤维素酯类等，药物均匀分散在微孔结构中，微孔骨架浸渍在含有药物的扩散介质内，如水、低级醇类、酯类和聚乙二醇等，扩散介质能溶解药物，亦可调节药物的释放速度。

5．聚合物骨架经皮给药系统

此给药系统常用亲水性聚合物材料，多用聚乙烯吡咯烷酮、聚乙烯醇、聚丙烯酰胺和聚丙烯酸酯等作骨架，在骨架中加入一些湿润剂，如水、丙二醇和聚乙二醇等，含药的骨架粘贴在背衬材料上，在骨架周围涂上压敏胶，加保护膜即成，如图附 A-20 所示。亲水性聚合物骨架能与皮肤紧密贴合，通过湿润皮肤促进药物吸收。

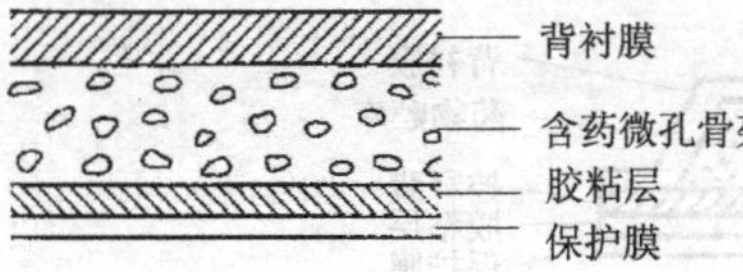

图附 A-19　微孔骨架型经皮给药系统示意图

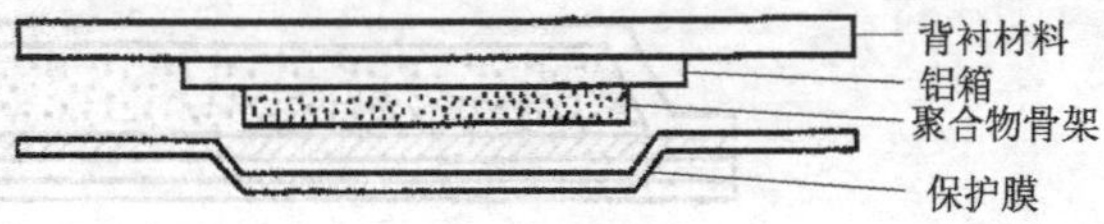

图附 A-20　聚合物骨架经皮给药系统示意图

6．微贮库型经皮给药系统（微封闭型经皮给药系统）

该给药系统结构如图附 A-21 所示。在此种给药系统中药物分散在水溶性聚合物中，将这种混悬液分散在通过交联而成的聚硅氧烷骨架中，骨架中有无数小球状贮库。将含有微贮库的骨架黏膜贴在背衬材料上，外周涂上压敏胶，加保护膜即成。药物的释放过程是，先溶解在水溶性聚合物中，继而向骨架分配、扩散，通过骨架达到皮肤表面。

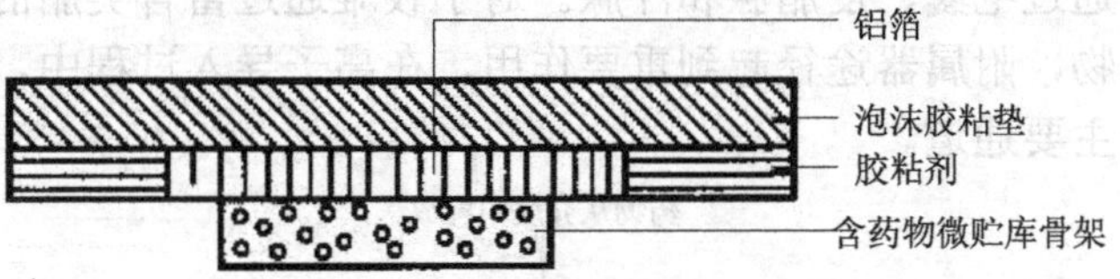

图附 A-21　微贮库型经皮给药系统示意图

7．包囊贮库型经皮给药系统

该给药系统是将药物先制成微囊后再分散在胶粘剂中，涂布在背衬膜上，加保护膜即成，如图附 A-22 所示。微囊膜的性质能控制药物的释放，其释放速度随囊膜的厚度、孔率及膜材料的性质不同而异，包囊材料可选亲水性或疏水性聚合物，如交联聚氧乙烯、甲基丙烯酸酯或聚乙烯醇等。

8．多贮库型经皮给药系统

该给药系统是由经皮吸收促进剂和药物二个贮库组成，二者之间用控释膜隔开，控释膜可控制经皮吸收促进剂的释放速度进而控制药物的经皮吸收速度。此种系统适用于药物与促进剂长期接触会产生相互作用或促进剂需控制释放的情况。

某些药物制成经皮给药系统在存放过程中不稳定，药物分布到系统的各个部分及包装材料中，使药物的释放速度发生改变或造成药物的损失。为了解决这个问题，有人设计了使用者活化经皮给药系统（UATS），如图附 A-23 所示。

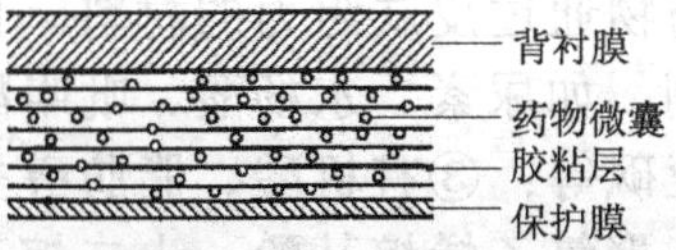

图附 A-22　包囊贮库型经皮给药系统示意图

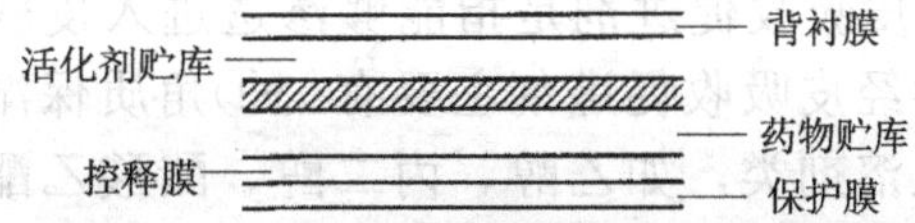

图附 A-23　使用者活化经皮给药系统示意图

9．充填封闭型经皮给药系统

该给药系统如图附A-24所示，是由背衬膜、药物贮库、控释膜、胶粘层及保护膜组成，控释膜是乙烯-醋酸乙烯共聚物（EVA）膜等均值膜。药物贮库由液体或软膏和凝胶等半固体充填封闭于背衬膜与控释膜之间。这种给药系统中药物从贮库中分配进入控释膜，改变膜的组分可控制系统的药物释放速度。这种系统所用的压敏胶是聚丙烯酸酯压敏胶和聚硅氧烷压敏胶。

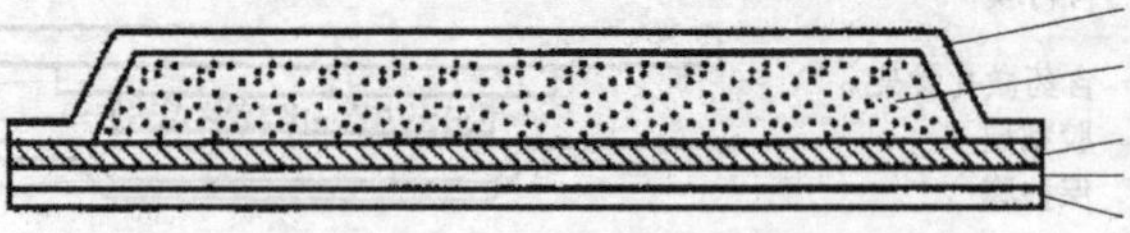

图附 A-24　充填封闭型经皮给药系统

（三）药物经皮吸收的机理

皮肤是人体的最外层组织，是机体的天然屏障。皮肤一般显酸性，pH值在5~6之间，不同年龄的人皮肤的渗透性具有很大的差别。

药物经皮吸收进入人体循环的两个途径，如图附A-25所示。一是通过表皮途径，即药物透过角质层和表皮进入真皮，这是药物经皮吸收的主要途径。另一途径是通过皮肤附属器途径吸收，即通过毛囊、皮脂腺和汗腺。对于较难通过富含类脂的角质层的离子型和水溶性大分子类药物，附属器途径起到重要作用，在离子导入过程中，皮肤附属器是离子型药物通过皮肤的主要通道。

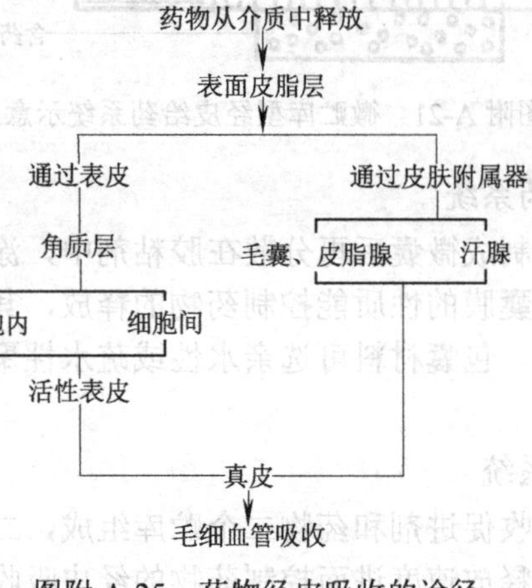

图附 A-25　药物经皮吸收的途径

（四）药物经皮给药系统的材料

药物经皮给药系统的材料按其作用的不同有下列几种类型。

1．经皮吸收促进剂

经皮吸收促进剂是指能够渗透进入皮肤，降低药物通过皮肤阻力的材料。目前，常用的经皮吸收促进剂主要有：①角质保湿与软化剂，如尿素、水杨酸、吡咯酮类；②有机溶剂类，如乙醇、丙二醇、醋酸乙酯、二甲亚砜等；③有机酸、脂肪醇类，如油酸、亚油酸、月桂醇等；④表面活性剂，如吐温、聚氧乙烯烷基酚、十二烷基磺酸钠等；⑤月桂氮卓酮（氮酮）及其同系物，如1-十二烷基-氮杂䓬-2-酮；⑥香精油和萜烯类，如薄荷醇、樟脑、柠檬烯、桉树脑等；⑦聚合物类，如聚乙二醇和聚二甲基硅氧烷的嵌段共聚物。

2．经皮给药系统的高分子材料

经皮给药系统中除了主药、经皮吸收促进剂外，还需有控制药物释放速率的高分子材料控释膜或骨架材料及将给药系统固定在皮肤上的压敏胶，此外还有背衬材料与保护膜。

（1）骨架材料　骨架型给药系统都是用高分子材料作骨架来负载药物。目前所用的骨架材料都是聚合物，如聚乙烯醇、聚硅氧烷、聚氯乙烯、聚氨酯、聚碳酸酯、聚乙烯比咯烷酮、聚丙烯酰胺、三醋酸纤维素等。

（2）控释膜材料　经皮给药系统的控释膜分微孔膜与均质膜。微孔膜常用聚丙烯拉伸微孔膜，用作均质膜的高分子材料有乙烯-醋酸乙烯共聚物和聚硅氧烷等，另外还有聚氯乙烯、硅橡胶都可用控释膜材料。在聚合物中加入微粉硅胶等填充剂（20%～30%）可提高释药速度，机械强度也有所提高。

3．压敏胶

压敏胶是指那些在轻微压力下即可实现粘贴，同时又容易剥离的一类胶黏材料。压敏胶的作用是使给药系统与皮肤紧密结合，有时还是药库控释材料，可调节药物释放速率。

目前常用的压敏胶有聚异丁烯类、聚丙烯酸酯类和聚硅氧烷类三类。

4．背衬材料与保护膜

背衬材料是用于支持药库或压敏胶的薄膜，有聚乙烯、聚氧乙烯、铝箔、聚丙烯和聚酯等，常用背衬材料与保护膜的复合膜，厚约 20～50μm。背衬膜最好能透气，有时在背衬膜上打微孔。

保护膜可用聚乙烯、聚丙烯、聚苯乙烯薄膜，一般先用有机硅或甲基硅油处理。

5．经皮给药系统的制备

经皮给药系统根据其类型与组成不同而有不同的制备方法，主要可分三种工艺。

（1）骨架黏合工艺　是在骨架材料溶液中加入药物，浇铸冷却成型，切割成小圆片，粘贴于背衬膜上，覆盖保护膜而成。

（2）充填热合工艺　是在定型机械中，于背衬膜与控释膜之间定量充值药物贮库材料，热合封闭，覆盖上涂有胶粘层的保护膜而成。

（3）涂膜复合工艺　是将药物分散于高分子材料如压敏胶溶液中，涂布于背衬膜上，加热烘干，可进行第二层或多层膜的涂布，最后覆盖上保护膜。

聚合物骨架经皮给药系统的制备工艺流程如图附 A-26 所示。胶粘骨架型经皮给药系统的制备工艺流程如图附 A-27 所示。充填封闭型经皮给药系统的制备工艺流程如图附 A-28 所示。复合膜型经皮给药系统的制备工艺流程如图附 A-29 所示。

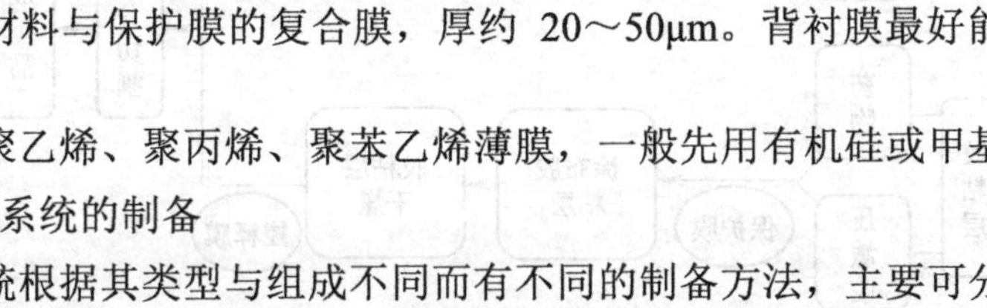

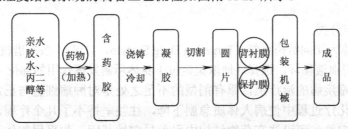

图附 A-26　聚合物骨架经皮给药系统的制备工艺流程

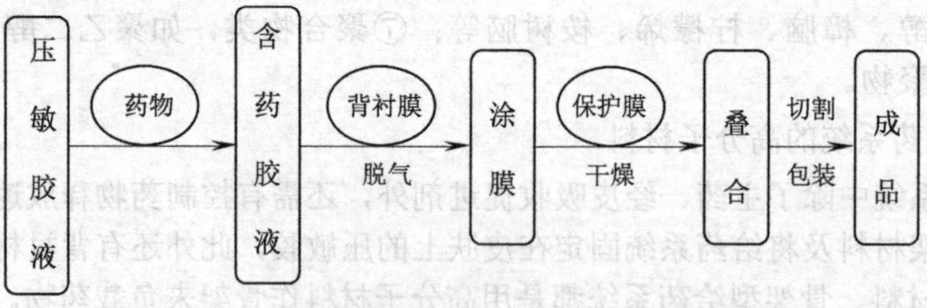

图附 A-27 胶粘骨架型经皮给药系统的制备工艺流程

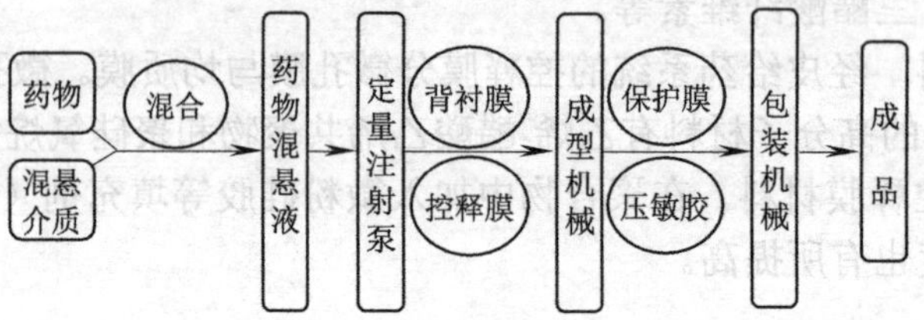

图附 A-28 充填封闭型经皮给药系统的制备工艺流程

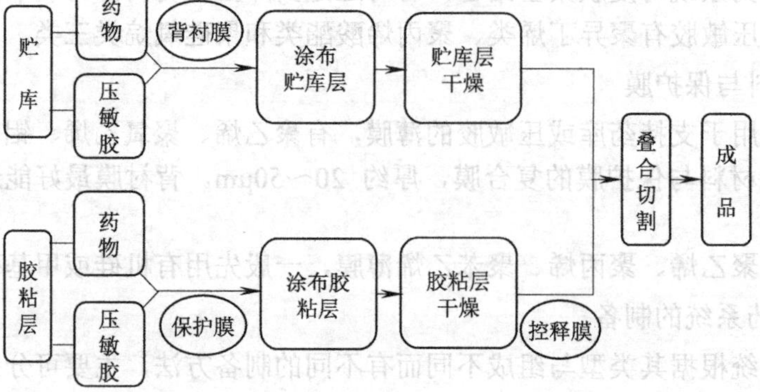

图附 A-29 复合膜型经皮给药系统的制备工艺流程

（五）经皮给药制剂的质量控制

经皮给药制剂质量的体外评价，包括含量均匀度检查、含量测定、体外释放度检查、经皮透过性测定和粘着性能的检查等，可以参照《中国药典》（2010 年版）的有关规定和方法进行。

《中国药典》（2010 年版）中规定有重量差异、面积差异、含量均匀度和释放度的检查项目，应依法测定并符合规定。

三、靶向制剂

（一）含义与分类

靶向制剂亦称为靶向给药系统（Targeting Drug System，TDS），系指借载体将治疗药物通过局部给药或全身血液循环，选择性地浓集定位于身体所需发挥作用的部位（靶区）的制剂。

在肿瘤等疑难疾病的治疗上，原有剂型的不足之处是对肿瘤细胞与正常细胞的杀伤力均很大，因而在化疗过程中使病人体质急剧下降，往往坚持不了几个疗程，就被迫停药。为提高药物的靶向性，可设法在药物结构中引入导向性基因，如采用载体系统提高药物的靶向性并已取得明显效果。另一类方法系将单克隆抗体联接于含药载体（如脂质体或毫微粒）的表面，提高药物的主动靶向性。当今研究最为活跃的就是受体型与免疫型靶向制剂。

靶向制剂按作用方式可分为主动靶向制剂、被动靶向制剂和物理化学靶向制剂；按药物作用水平可分为一级靶向制剂（将药物输送至特定的器官）、二级靶向制剂（将药物输送至特定细胞）和三级靶向制剂（将药物输送至特定细胞内特定部位）；按物理形态可分为水溶性与水不溶性两类。

（二）靶向给药制剂的特点

靶向制剂能选择性将药物分布于靶区，提高药物在靶部位的治疗浓度；药物能以预期的速率控释，而达到有效剂量；药物能进入靶部位微小毛细血管中并分布均匀；药物容纳量高，并且释放后不影响其药物作用；药物受到保护，并在通往靶的过程中药物渗漏极少；靶向制剂易于制备且具生物相容性的表面性质，不易产生过敏性，载体可生物降解而不引起病理变化。

在靶向制剂的应用中，药物载体（即将药物导向特定部位的生物惰性载体）扮演着不可替代的重要角色。常用的药物载体有脂质体、微球、纳米粒、乳剂等以及经过修饰的这些药物载体。

（三）脂质体

脂质体（Liposome）是一种类似生物膜双分子层封闭结构的微小泡囊，是一种常用的药物载体，属于靶向给药系统的一种新剂型。脂质体主要由磷脂及一些附加剂（胆固醇、十八胺、磷脂酸等）构成。磷脂是脂质体的骨架膜材，它为两性物质，具有亲水和亲油基团。部分天然磷脂结构如图附 A-30 所示。

其中 R，R′为碳氢链疏水亲脂基团；X 为亲水极性基团，由磷酸和一个极性基团结合而成，如当磷酸与胆碱酯化，就构成磷脂酰胆碱。改变 R 及 R′基团，可得到一些合成的磷脂，如二硬脂酰磷脂酰胆碱等。

胆固醇也属于两亲物质，其结构上亦具有亲水基团和亲油基团，但其亲油性强于亲水性。在由磷脂与胆固醇结合而成的混合分子中，磷脂分子的极性端（亲水基团）呈弯曲的弧形，形似手杖，与胆固醇分子的极性基团结合；在此结构中的两个亲油基团，一个是磷脂分子中的烃基侧链，另一个即胆固醇结构中的亲油基部分，如图附 A-31 所示。载药脂质体的构造是封闭式的多层双分子层的球状结构，在各层之间有水相，水溶性药物可被包裹在水相中，而脂溶性药物可包裹在双分子层中。

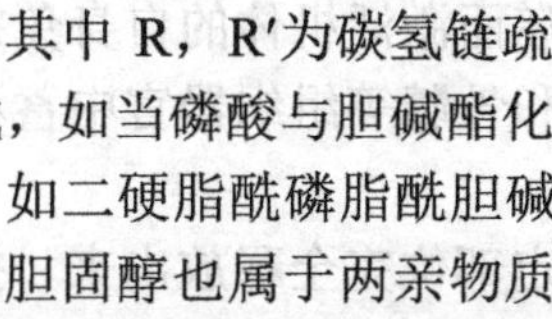

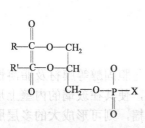

图附 A-30 部分天然磷脂结构

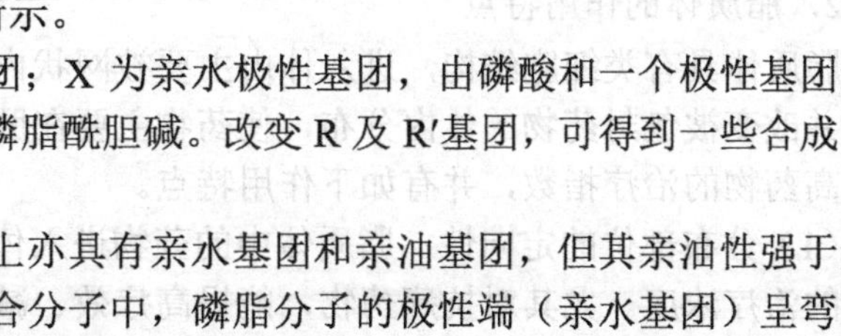

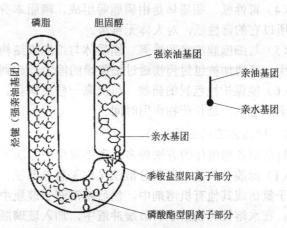

图附 A-31 磷脂与胆固醇在脂质体的排列形式

1．脂质体的类型与结构

脂质体根据其结构可分为三类。

（1）单室脂质体　药物的溶液只被一层类脂质双分子层所包封，如图附 A-32 所示。

（2）多室脂质体　又称多层脂质体，是药物溶液被几层类脂质双分子层所隔开形成不均匀的聚集体。如图附 A-33 所示，球径等于或小于 5μm。

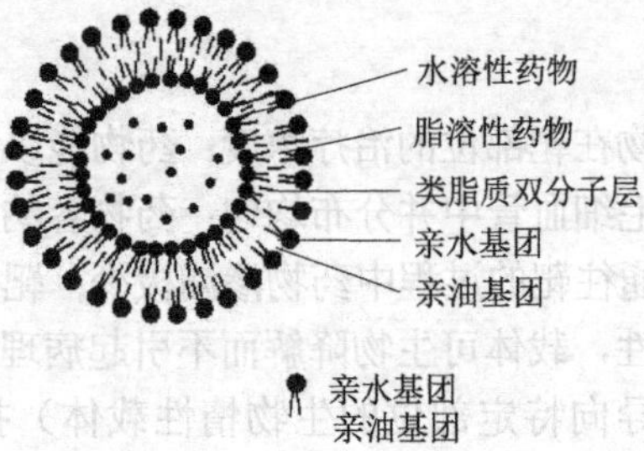

图附 A-32　单室脂质体结构示意图

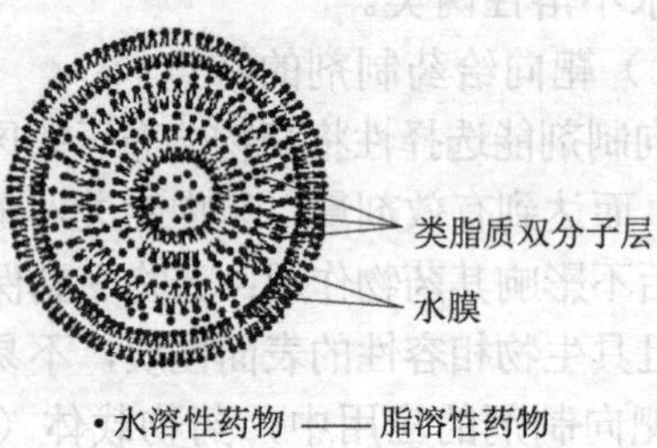

图附 A-33　多室脂质体结构示意图

（3）多相脂质体　是以含单室或者多室脂质体为主及含少量的 O/W 或 W/O/W 型乳剂，再混悬在水相的多相分散系。这种脂质体处方中含有表面活性剂，故又称为含有表面活性剂的脂质体。用这种多相脂质体作为载体，静脉滴注时更容易在淋巴、肝、肺、脾等网状内皮系统中聚集，抵达靶部位后释放药物发挥疗效。

2．脂质体的作用特点

脂质体具有类细胞结构，进入体内主要被网状内皮系统吞噬而激活机体的自身免疫功能，并改变被包封药物的体内分布，使药物主要在肝、脾、肺和骨髓等组织器官中蓄积，而提高药物的治疗指数，并有如下作用特点。

（1）分布部位的定向性　脂质体中的药物进入体内可在指定部位完全释放出来，提高药物的治疗浓度。尤其对抗癌药物，能提高疗效、减少剂量和降低毒性。

（2）可改变药物动力学性质和组织分布　药物包封于脂质体内，在人体组织中能降低扩散，使药物缓慢地释放出来，从而可延长药物作用。

（3）脂质体的表面性质可改变　对脂质体表面性质进行改变，如表面电荷、粒径大小、联结不同配体等，可提高药物对靶区的选择性。

（4）毒性低　脂质体是由磷脂等组成，磷脂本身就是人体组织的主要成分，可生物降解，所以它的毒性低，对人体无毒害。

（5）与细胞膜的亲和性强　脂质体与细胞膜结构类似，与细胞膜有较强的亲和性和融合作用，可增加被包封药物透过细胞膜的能力，起到增强疗效的作用。

（6）能保护被包封的药物　可提高一些易氧化、不稳定药物的体内外稳定性，降低药物的消除速率，延长药物作用时间。

3．脂质体的制备及举例

目前制备脂质体的方法颇多，现将常用的方法分述如下。

（1）薄膜分散法　薄膜分散法又称干膜分散法。系将磷脂与胆固醇等膜材及脂溶性药物溶于氯仿或其他有机溶剂中，然后将溶液于玻瓶中旋转蒸发，使其在玻璃的内壁上形成薄膜。在水溶性药物溶于磷酸缓冲液中，加入玻璃瓶后不断振摇，则可形成大的多层脂质体，其粒径范围约为 1～5μm 左右，再经超声处理，根据超声的时间长短可获得 0.25～1μm

的小的单层脂质体，将其通过葡聚糖凝胶（sephadex G-50 或 G-100 等）柱层析（过滤），分离除去未包入的药物即可得到脂质体混悬液。

例：制备放线菌素 D 脂质体

取卵磷脂、磷脂酰丝氨酸、胆固醇（摩尔比 9:1:10）溶于氯仿成为氯仿液。将该氯仿液置于玻璃瓶中减压蒸发其中的氯仿，使其在瓶的内壁上形成膜，将含有放线菌素 D 的磷酸盐缓冲液加入上述容器内，在振荡器上混合均匀，在 37℃并通氮气（N_2）混合 10min，然后在相同条件下浴式超声波器内超声 1h。可得到 0.3～1μm 大小的单层脂质体，放置 30min 后，将此混悬液通过 sephadex G-50 层析柱，收集脂质体部分，即得含放线菌素 D 脂质体。

（2）注入法　按所用的溶剂不同可分为乙醇注入法和乙醚注入法。

乙醇注入法系将磷脂与胆固醇等膜材及脂溶性药物融入乙醇中，该溶液用微量注射器或微量输液器以适当的速度注入加热至 50℃（并用磁力搅拌）的磷酸盐缓冲液（或含水溶性药物）中，制备过程通氮气，控制最终溶液含醇量约 8%，用超滤器浓缩，再以透析法除去未包药物及残余乙醇。本法所制得的脂质体直径约 0.25μm。制法简单，脂质体的粒径大小及形状的重现性好；缺点是脂质体包封率不高。

乙醚注入法系将磷脂与胆固醇等类脂质及脂溶性药物溶于乙醚中，然后该将药液经注射器缓缓注入 50～60℃含有水溶性药物的磷酸盐缓冲液中（并用磁力搅拌），不断搅拌至乙醚除尽为止。与乙醇注入法相比，该法制备的脂质体粒径较大，不宜于静脉注射。将其混悬液通过高压乳匀机两次，所得的成品大多为单室脂质体，少数为多室脂质体，粒径绝大多数可在 2μm 以下。

（3）表面活性剂处理法　本法是将脂质与胆酸盐、脱氧胆酸、脱氧胆酸钠等表面活性剂在水溶液中搅拌混合，通过超速离心法或透析法或凝胶过滤法从混合微粒中除去表面活性剂，就可获得中等大小的单层脂质体。本法适用于各种类脂的混合物和包封酶及其他生物高分子，但不适于由单一的酸性磷脂所组成的脂质体。

（4）超声波分散法　将药物溶于水或磷酸盐缓冲液中，将磷脂、胆固醇与脂溶性药物共溶于有机溶剂中，将此溶液加于上述水溶液中，搅拌，蒸发除去有机溶剂，残液经超声波处理，然后分离出脂质体，再混悬于磷酸盐缓冲液中，制成脂质体的混悬型注射剂。

（5）冷冻干燥法　将磷脂分散于缓冲溶液中，经超声波处理与冷冻干燥后，再将干燥物分散到药物的水性介质中，形成脂质体。

（6）复乳法　通常采用两级乳化法。首先将少量水相与较多的磷脂油相进行第一次乳化，形成 W/O 的反相胶团，减压除去部分溶剂，然后加较大量的水相进行第二次乳化，形成 W/O/W 型复乳，减压蒸发除去有机溶剂，即得脂质体。该法包封率 20%～80%。

（7）逆相蒸发法　将磷脂等膜材溶于有机溶剂，加入待包封的药物水溶液进行短时超声，直至形成稳定的 W/O 乳剂，减压蒸发除去有机溶剂，达到胶态后滴加缓冲液，旋转使器壁上的凝胶脱落，减压下继续蒸发，制得水性混悬液。经凝胶层析出或超速离心除去未包入药物，即得大单层脂质体。

（8）载体沉积法制备前体脂质体　前体脂质体为干燥、流动性能良好的粒状产品，加水水合后即可得到分散或溶解多层脂质体的混悬液。该法是将载体材料（如山梨醇、甘露醇、果糖、葡萄糖、乳糖等）置于旋转蒸发仪烧瓶中，在水浴加热、减压条件下，加入由磷脂、胆固醇、药物等组成的脂质液，使其完全沉积在载体材料上，过筛，于干燥器中干燥，充氮，低温保存。

（四）微球

微球（micro-sphere）是用白蛋白、明胶、聚丙交酯等为材料制成的含有药物的凝胶球状实体。常见的微球粒径多在 1～250μm 间。20 世纪 80 年代以来，微球作为靶向给药的载体已日益受到重视，尤其是抗癌药物制成微球制剂后能改善在体内的吸收和分布，特别对淋巴系统具有较好的靶向性。此外，微球还可使肿瘤部位血管闭锁，切断对肿瘤细胞的营养供应，还具有延缓释药、延长疗效、增加药物稳定性、对药物的适应性比脂质体宽、制备工艺或材料选择简便等特点，所以微球是一种很有发展前途的亚微粒载体系统。

微球的靶向性与其粒径大小、给药途径及粒子的附属物等有关：①0.1～0.2μm 的微球在静、动脉或腹腔注射后，迅速被网状内皮系统的巨噬细胞从血流中清除，最终到达肝脏枯否细胞的溶酶体中；小于 50μm 的粒子能穿过肝脏内皮，或通过淋巴转运至脾和骨髓，也可能到达肿瘤组织。②7～12μm 的微球，静脉注射后被肺机械地滤取；而 2~12μm 的微球不仅在肺部，而且在肝和脾中被毛细血管摄取。③人体毛细血管径管为 7～9μm，最大 12μm，毛细血管前终端微动脉的直径小于 50μm，因而用作动脉栓塞的明胶微球选用 40～104μm 者为宜。

1．微球的分类与常用材料

微球材料分为可生物降解与不可生物降解两类，除动脉栓塞等特殊要求外，通常大多使用可生物降解微球。

可生物降解微球主要包括：①蛋白质类，如白蛋白、明胶、血纤维蛋白原、低密度脂蛋白等；②多糖类，如淀粉、琼脂糖、右旋糖酐、糊剂、右旋糖酐、麦芽糖糊精、葡聚糖等；③聚乳酸类，如聚乳糖，聚羟基丁酯和聚羟基戊酸共聚物，聚丙交酯与聚乙交酯/丙交酯共聚物；④脂质类；⑤其他，如聚氰基丙烯酸丁酯微球，聚碳酸酯微球等。不可生物降解的微球包括聚酰胺、乙基纤维素、聚苯乙烯微球等。材料的性能关系微球大小，包裹率及释药速率。材料的毒性、表面性质与抗原性密切相关。

2．微球的制备及距离

微球的制备方法常因所用载体材料、添加剂、药物等性质不同而异，常用的制备方法如下。

（1）乳化加热固化法　将药物于规定浓度的白蛋白水溶液混合，加到含适量乳化剂的棉子油中，制成 W/O 型初乳。另取适量油加热至 100～180℃，搅拌下将上述初乳加入到高温乳中，继续搅拌，使白蛋白乳滴受热固化成球，洗除附着的油，干燥后得微球。

例：5-氟尿嘧啶白蛋白微球的制备

取牛血清白蛋白溶于 5-氟尿嘧啶溶液中，加入 10%司盘 85 的注射用棉子油混合搅拌（2500r/min，10min），经超声波发生器乳化。另取注射用棉子油，在 2500r/min 搅拌下加热至 180℃，并逐步加入上述白蛋白药物的油溶液，维持 180℃，10min，冷却至室温，加入乙醚中脱脂，并经离心分离，所得微球依次用乙醚、乙醇洗涤除油后，再用含 0～2%吐温 80 的生理盐水分散，并经超声波处理即得。

（2）凝聚法　在明胶水溶液中加入适量表面活性剂（如吐温）以助分散，然后加入脱水剂（如 95%乙醇或 Na_2SO_4），使明胶分子脱水凝聚成微球，再加入交联剂（甲醇或戊二醇），使明胶分子脱水凝聚成微球，再加入交联剂（甲醇或戊二醛）使微球固化，加适量偏亚硫酸钠除去过量醛以终止固化反应。制备含药微球时，可将药物溶固化于或混悬于明胶水溶液中，再按上述步骤制备。

（3）乳化剂-溶剂扩散法 将布洛芬和丙烯酸聚合物溶于一定量乙醇中，在一定温度下将上述乙醇液倒入含有蔗糖脂肪酸酯为乳化剂的水中，以一定搅拌使乙醇液呈微滴样凝聚物分散在水相中，将系统搅拌一定时间，即得到一定大小的微球。

（4）常温分散法 可在室温条件下制备热敏性药物微球。将适量分散剂溶于有机溶剂，另将白蛋白与药物溶于水，逐滴加至上述有机溶剂中，边滴边搅再加戊二醛饱和的甲苯液，离心旋转弃去上清液；加2%甘氨酸水液，搅匀，离心弃去上清液，用有机溶剂洗涤，40℃干燥即得。链霉素遇热不稳定，可用本法制备微球。

（5）液中干燥法 将聚乳酸溶于二氯甲烷中，加入药物制成油相，在一定搅速下加至含明胶的水相中形成O/W乳，继续搅拌待二氯甲烷完全挥发除去，过滤收集得微球；用蒸馏水洗去明胶，室温下真空干燥即得。

（6）乳化交联法 含药的高分子材料（如白蛋白、明胶、壳聚糖等）的水溶液与含有乳化剂的油相（如蓖麻油、橄榄油、液状石蜡等）混合搅拌进行乳化，形成稳定的乳状液，再加入合适的化学交联剂（如甲醛、戊二醛等）发生胺醛缩合或醇醛缩合反应，即得粉末状微球，其粒径多在1～100μm范围内。油相不同，交联剂不同，对微球的粒径与性状均有影响。

3．磁性微球

磁性微球属于物理化学靶向制剂，系包含有磁性物质的含药微球制剂。给药后，可在体外相应部位施加磁场进行引导定位，可使含药微球主要浓集特定靶区。

含药磁性微球可用一步法或两步法制备。一步法是在成球前加入磁性物质，再用乳化交联等方法制备微球，药物也可在成球前加入或成球后吸附进入。两步法是先制备微球，再将微球磁化处理。

（五）纳米粒

纳米粒系指以高分子材料为载体，将药物溶解、包埋或包裹在聚合物中形成的微型药物载体。纳米粒按构造可分为骨架实体型的纳米球和膜壳药库型的纳米囊，其粒径多在1～1000nm，具有特殊的医疗价值。

纳米粒作为目前药物研究和开发的热点，将成为新一代药物载体，其特性在于：①易于实现靶向给药，依赖载体自身的理化特性把药物送到特定的病变组织、细胞内进行释放，而实现主动靶向，达到更好的治疗效果；②纳米粒对肝、脾、骨髓等部位具有特殊的靶向性，体积小能够直接通过毛细血管壁，对肿瘤组织具有生物粘附性；③纳米粒可以注射给药，加快药物在体内的分布，也可以制成口服制剂，能防止蛋白质多肽类药物在消化道的失活；④纳米粒作为黏膜给药的载体，可以用于眼结膜、角膜、鼻黏膜及透皮制剂中，均可延长和提高疗效。

纳米粒的组成主要有主药、载体材料和附加剂，如稀释剂、稳定剂和控释药速率的促进剂或阻滞剂等。根据不同的制备方法，药物可被溶解、分散、捕捉、包裹或吸附于高分子材料中，形成药物的纳米球或纳米囊。

1．用于制备纳米粒的高分子材料

目前，用于制备纳米粒的材料包括天然的、半合成的和合成的高分子材料。近年来，由可生物降解材料制成的纳米粒被认为是很有潜力的药物传递体系，因为它们性能多样，适应性广，并且具有良好的药物控制性质、达到靶部位的能力及经口服给药方式能够传递蛋白质、多肽类药物等性能。

（1）天然高分子材料　天然高分子材料是常用的载体材料，因其稳定、无毒、安全、成膜性或成球性较好。

1）明胶，可生物降解，几乎无抗原性。可根据药物性质选用A型或B型明胶。

2）淀粉及其衍生物，如羟乙基淀粉、羧甲基淀粉及马来酸酯化淀粉等。

3）阿拉伯胶，常与明胶配合使用，亦可与白蛋白配合作复合材料。

4）海藻酸盐，海藻酸钠可溶于水，而海藻酸钙则不溶于水，因此，海藻酸钠可用$CaCl_2$固化成囊。利用这一性质，海藻酸盐可以用作药物缓释制剂的骨架、包埋剂及微囊材料。

5）蛋白类，常用的有血清白蛋白、玉米蛋白、鸡蛋白、小牛酪蛋白等，可生物降解，无明显抗原性。常采用加热固化法或交联剂（如甲醛、戊二醇等）固化法制备微球。

（2）半合成高分资料　主要是纤维衍生物，如羧甲基纤维素、甲基纤维素、乙基纤维素、羟丙甲纤维素、邻苯二甲酸乙酸纤维素和丁酸醋酸纤维素等，其特点是毒性小、粘度大、需临用时现配。

（3）合成高分子材料　包括可生物降解和不能生物降解的高分子。常用的有聚乳酸（PLA）、聚碳酯、聚氨基酸、聚丙烯酸树脂、聚甲基丙烯酸甲酯，聚甲基丙烯酸羟乙酯、聚氰基丙烯酸烷酯和乙交酯丙交酯共聚物等。特点是成膜性及成球性好，化学稳定性高。

2．纳米粒子的制备方法

选用制备方法时主要取决于载体材料、药物和附加剂的性质和制备的工艺条件。

（1）相分离法　包括单凝聚法、复凝聚法、溶剂-非溶剂法等，基本原理同微囊。

（2）液中干燥法 即从分散相中除去挥发性溶剂来制备载药纳米粒。该方法可用于多种类型的疏水性、亲水性药物的纳米粒的制备。

先将聚合物溶解于有机溶剂中形成聚合物的溶液，然后将药物分散或溶解到聚合物溶液中，再在高速均化或超声场等分散条件下，把形成的溶液或混合物加入到含有乳化剂的水相（如明胶溶液）中，形成O/W型乳液，液滴内部是含有聚合物和药物的油相。形成稳定的微乳后，采用升温的方法或减压、连续搅拌等方法蒸出有机溶剂。随着溶剂的不断蒸发，乳滴内形成聚合物与药物的固体相，即得到含药物的聚合物纳米粒子，再进行分离、洗涤、干燥。

（3)自动乳化法　本法是采用水溶性溶剂与水不溶性溶剂的混合溶剂作为油相分散到水相中形成乳状液，因内相水溶性溶剂的自由扩散，使两相界面张力降低，界面产生骚动，使内相液滴减小，而逐渐形成纳米尺寸的乳滴并沉淀出来，经固化、分离，即得纳米球。

（4）乳化聚合法　聚-α-氰基丙烯酸烷基酯（PACA）是一种在体内能够很快降解的聚合物，制备纳米粒一般是把 α-氰基丙烯酸烷基酯单体加入到强力搅拌下的含有乳化剂和一定引发剂如OH^-的水介质中，α-氰基丙烯酸烷基酯扩散到乳化剂形成的胶束中发生聚合，药物可以和单体同时加入，随着聚合的进行，药物逐渐被包裹在聚合物形成的粒子中，聚合完成后，将形成的聚-α-氰基丙烯酸烷基酯纳米微球的悬浮体系，过滤、洗去乳化剂和游离的药物，即得到载药的PACA纳米微球。它的工艺过程。阴离子聚合法制备聚-α-氰基丙烯酸烷基酯的载药纳米微球的工艺示意图，如图附A-34所示。

为了制备较高分子量的稳定的纳米微球，需使聚合体系呈酸性（pH 值为 1.0～3.5），同时延长聚合反应的时间（3～6h）。

（5）高分子材料凝聚法 即将含药的天然高分子材料的溶液，与油相在搅拌或超声下乳化形成 W/O 型乳状液，再根据高分子材料的特性，经加热变性或化学交联、盐析脱水等使之凝聚形成纳米粒。

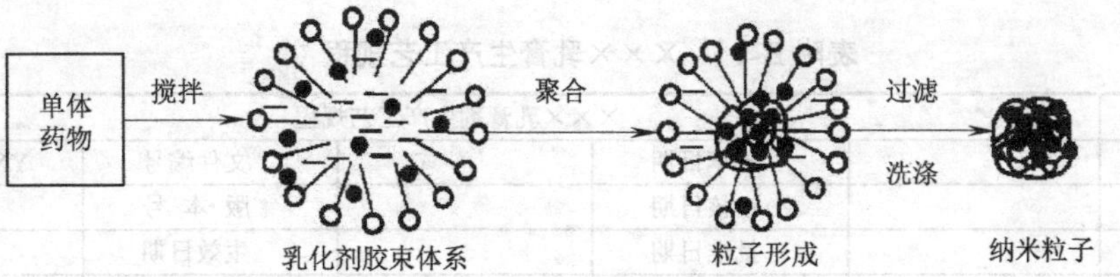

图附 A-34 阴离子聚合法制备聚-α-氰基丙烯酸烷基酯的载药纳米微球的工艺示意图

如制备白蛋白纳米球时，将白蛋白与药物形成乳液内相后，将乳液快速滴加到 100～180℃的热油中，并保持 10min，使白蛋白变性形成含药纳米球；明胶纳米球系将内相含明胶的乳状液在冰浴中冷却使明胶乳滴胶凝，再用甲醛的丙酮溶液进行化学交联，可制得粒径接近的纳米球。

（六）主动靶向制剂和被动靶向制剂

主动靶向制剂是指配有经修饰的、能主动识别靶组织或靶细胞载体的靶向制剂。被修饰的药物载体可以是脂质体、微球、纳米球、微乳等，此外还包括靶向前体药物等。主动识别靶组织或靶细胞的原理是把具有对病灶器官、组织或细胞具有专一识别功能的分子或基因（识别因子）与药物或药物载体相结合，药物或载体到达靶向部位后，识别因子与靶部位结合，使药物浓集于此发挥药效。因为在许多情况下，病灶组织具有（或人为造成）不同于正常组织或细胞的 pH 值、温度、特殊孔隙、场效应等情况。

靶向识别使用最直接的方法就是药物与专一识别因子相连接，具有这种专一识别功能的靶向因子有抗原抗体、单糖或多糖、外源凝集素、蛋白质、激素、多肽、带电荷分子、低分子配体等，其中最常用的是抗原抗体。靶向识别因子可以通过化学键、氢键、离子键与药物载体结合，而在纳米粒子表面导入靶向识别因子，实现靶向给药是最有发展前景的。

脂质体的主动靶向性是在脂质体上连接识别分子，即所谓的配体。这些不同类型的配体有糖、植物凝血素、肽类激素、小半抗原、抗体和其他蛋白质。连接不同配体的脂质体，对不同的受体细胞有专一的靶向性。例如，在脂质体表面组装上某种癌细胞制得的单克隆抗体。由单克隆抗体给脂质体导向，可使脂质体只与这种癌细胞产生特异性结合，可获得远比同剂量的药物单独应用时高得多的抗癌效果，达到靶向给药的目的。

被动靶向制剂与主动靶向制剂不同，系利用未作修饰的脂质体、微球、纳米球、乳剂或复乳等亚微粒载体携带药物，其对靶细胞并无专属性的识别能力，但可经血液循环到达毛细血管并在该部位被机械地截留而释药。如脂质体静脉给药，即属被动靶向：进入体内后即被巨噬细胞作为外界异物吞噬，进而产生被动靶向释药的体内分布特征。一般的脂质体主要被肝和脾中网状内皮细胞吞噬，是治疗肝寄生虫病等网状内皮系统疾病理想的药物载体。利用脂质体包封药物治疗这些疾病可显著地提高药物的治疗指数，降低毒性，提高疗效。脂质体的这种天然靶向性也被广泛用于肿瘤的治疗和防止肿瘤的扩散和转移。

附录B　相关剂型生产工艺规程示例

×××乳膏生产工艺规程见表附B-1。

表附 **B-1**　×××乳膏生产工艺规程

文件名称	×××乳膏剂生产工艺规程				
起草人		起草日期		文件编号	YX/GC-00-001
审核人		审核日期		版本号	00
批准人		批准日期		生效日期	
复制人		复制日期		复制份数	
颁发部门	生产技术部	编制依据	药品标准及药品生产质量管理规范		
分发部门	生产技术部、质量保证部、软（乳）膏车间				

目的：建立×××乳膏剂生产工艺规程，使产品生产规范化，保证生产出的产品质量稳定，均一和有效。

范围：适用于×××乳膏剂的生产。

责任：质量保证部、生产技术部及生产车间。

内容：

1．产品名称及剂型

1.1　产品名称

通用名称：×××乳膏剂

商品名称：×××乳膏剂

英文名称：×××Ointment

拼音全码：×××　rugao

1.2　剂型

本产品的剂型为乳膏剂。

2．产品概述

药物组成：×××原料，辅料为单硬脂酸甘油酯、硬脂酸、白凡士林、液状石蜡、甘油、三乙醇胺、羟苯乙酯、二甲基亚砜、硼砂。

性状：本品为乳剂型基质的乳白色软膏剂。

类别：抗真菌药。

规格：10g:1.0g。

贮藏：密闭，在阴凉处保存。

有效期：24个月。

3．处方和依据

3.1　批量处方	批量/kg
×××原料	24
单硬脂酸甘油酯	12.4
硬脂酸	37
白凡士林	9.9

液状石蜡	7.4
甘油	29.7
三乙醇胺	9.9
羟苯乙酯	0.3
二甲基亚砜	4.8
硼砂	0.5
纯化水	114
制成	2.4 万支

3.2 处方依据

《中药典》（2010 年版）二部。

3.3 批准文号

国药准字 H××××××××。

4．工艺流程图

×××乳膏剂生产流程如图附 B-1 所示。

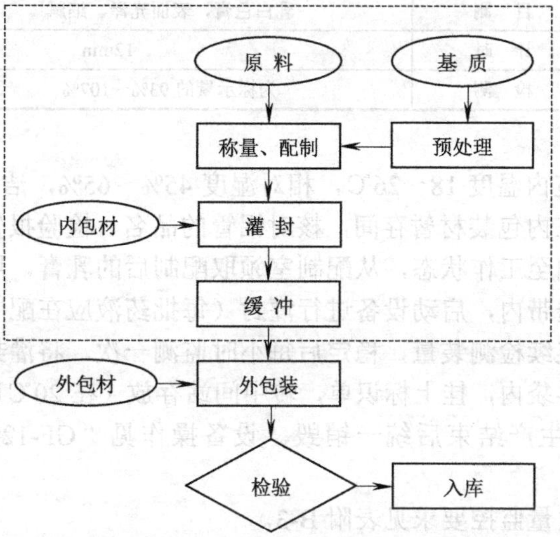

图附 B-1 ×××乳膏剂生产流程

注：点画线框内代表 D 级洁净生产区域； 为物料； 为工序； 为检验。

5．制剂

5.1 称量

（1）工艺条件：室内温度 18～26℃，相对湿度 45%～65%，洁净级别为 D 级。

（2）操作过程：在原材料暂存间核对各原、辅材料、品名、批号、检验报告书无误后，于称量室用电子秤准确称取×××24kg、单硬脂酸甘油酯 12.4kg、硬脂酸 37kg、白凡士林 9.9kg、液状石蜡 7.4kg、甘油 29.7kg、三乙醇胺 9.9kg、羟苯乙酯 0.3kg、二甲基亚砜 4.8kg、硼砂 0.5kg，另称取纯化水 114kg，挂上标识单，置称量待发室定位摆放。

5.2 配制

（1）工艺条件：室内温度 18～26℃，相对湿度 45%～65%，洁净级别为 D 级。

（2）操作过程：打开主机总电源开关、急停电源开关，打开触摸屏电源开关，将油锅、水锅加热，从称量待发室将称量后的原、辅材料领入配制室，将单硬脂酸甘油酯、硬脂酸、白凡士林，液状石蜡投入油锅中，加热至80℃，保温30min，作为油相。将纯化水、甘油、硼砂、三乙醇胺投入水锅中，加热至80℃，保温30min，作为水相。用二甲基亚砜溶解羟苯乙酯，加入油相中混合1～2min。打开热水泵将主锅夹套加热到70℃，启动真空泵，立即将油相抽入真空乳化罐中，加入处方量的×××细粉，同时启动慢速搅拌（20r/min），快速搅拌（1200r/min）（注：快速搅拌两次，每次为5min，第一次搅拌5min后，将主罐升起，将粘在搅拌桨的主药刮下，再进行下次快速搅拌，慢速搅拌同时运行）混合均匀，停止快速搅拌。启动真空泵将水相抽入主罐中，慢速搅拌 5min 后，主锅夹套通冷却水循环降温。转相后，待膏体凉至40～42℃时，抽真空，开启快速搅拌12min，结束后取样，送检。设备操作见 “真空乳化机SOP” （YX /CZ-01-099）

质量监控：配制质量监控要求见表附B-2。

表附 B-2　配制质量监控要求

监控项目	监控方法	监控标准	频次
乳膏质量	目测	乳白色膏，表面光泽、细腻	每批一次
乳化时间	计时	12min	每批一次
含量测定	检测	为标示量的93%～107%	每批一次

5.3　灌封

（1）工艺条件：室内温度18～26℃，相对湿度45%～65%，洁净级别为D级。

（2）操作过程：在内包装材暂存间，核对铝管的品名、检验报告书等，无误后领入灌注室，将灌装封尾机调至工作状态，从配制室领取配制后的乳膏，用上料器加入灌封机料斗内，将铝管摆在传送带内，启动设备进行灌封（每批药液应在配制后24h内，全部灌封结束）。操作初始要连续检测装量，稳定后每小时监测一次。将灌封后合格的中间产品，清点数量装入洁净塑料袋内，挂上标识单，转中间站存放（在20℃以下保存）。不合格品装入洁净塑料袋内，生产结束后统一销毁。设备操作见“GF-120 灌装封尾机 SOP”（YX/CZ-01-100）。

质量监控：灌封质量监控要求见表附B-3。

表附 B-3　灌封质量监控要求

监控项目	监控方法	监控标准	频次
铝管	与标准样品对照	×××软膏铝管质量标准	每批一次
装量	天秤测	10～10.3g/支	每小时监测一次
灌封后外观	目测	封合严密、无漏封、药管表面平整	随时
批号	目测	准确无误、清晰	随时

5.4　包装

（1）包装规格：10g×300盒。

（2）包装材料、标签管理：检查包装材料、标签是否有质量保证部签发的合格证，与标准品对照相符后，将包装材料领入包材暂存间定位摆放，标签入标签室上锁，专人管理，建立标签、使用说明书发放记录，具体过程见“标签管理制度”。

（3）印批号：将说明书用日期印字机按包装指令印上有效期，将大箱用黑色印油在指定位置印上批号、生产日期和有效期。

（4）装盒：将小盒折起，取1支药品和一张对折说明书及一包棉签，装入一个小盒内，然后将小盒插舌扣合。再将小盒用喷码机喷上批号、生产日期、有效期和产品序列号。

（5）装箱：将大箱折起，用胶带纸封好，垫上一张垫板，放入300小盒药品，一张内容填写完整的装箱单，盖上一张垫板，用胶粘带把大箱另一面开口处封好，即出成品。合箱要打混合批号，并详细记录。

包装全部操作规程见日期印字机 SOP（YX/CZ-01-088 ）；喷码机 SOP（YX/CZ-01-089）；包装岗位 SOP（TY/ZC-01-110）。

（6）质量监控：包装质量监控要求见表附 B-4。

表附 B-4 包装质量监控要求

监控项目	监控方法	监控标准	频 次
包装材料	目 测	合 格 证	每批一次
外包装	目 测	批号、数字排列正确，印字端正、清晰 说明书折叠整齐，装箱单填写正确 不干胶带粘贴整齐，牢固，大箱无破损	随 时

6．原、辅料质量标准及检查方法

各原、辅料见以下质量标准：

《×××质量标准》（YX/BZ-00-081）。

《单硬脂酸甘油酯质量标准》（YX/BZ-01-021）。

《硬脂酸质量标准》（YX/BZ-01-023）。

《白凡士林质量标准》（YX/BZ-01-024）。

《液状石蜡质量标准》（YX/BZ-01-025）。

《甘油质量标准》（YX/BZ-01-026）。

《硼砂质量标准》（YX/BZ-01-027）。

《三乙醇胺质量标准》（YX/BZ-01-028）。

《羟苯乙酯质量标准》（YX/BZ-01-089）。

《二甲基亚砜质量标准》（YX/BZ-01-011）。

《纯化水质量标准》（YX/BZ-01-090）。

7．中间产品质量标准

详见《×××软膏中间产品质量标准》（YX/BZ-02-001）。

8．成品质量标准

见《×××软膏成品质量标准》（YX/BZ-03-002）。

9．包装材料和包装规格质量标准

详见以下质量标准：

《×××软膏包装物质量标准》（YX/BZ-05-001）。

《压敏塑料胶粘带质量标准》（YX/BZ-04-011）。

《装箱单质量标准》（YX/BZ-04-018）。

10．说明书、产品包装文字说明和标识

详见《×××软膏包装物质量标准》（YX/BZ-05-008）。

11．工艺卫生要求

11.1　包装岗位工艺卫生要求

包装岗位执行一般生产区工艺卫生管理制度及一般生产区个人卫生管理制度。卫生措施见一般生产区清洁规程。

11.2　称量、配制、灌封工艺卫生要求

称量、配制、灌封为D级洁净区，执行洁净区工艺卫生管理制度和洁净区个人卫生管理制度。卫生措施见洁净区清洁规程。

12．设备及主要设备生产能力

设备及主要设备生产能力见表附B-5。

表附B-5　设备及主要设备生产能力

设备名称	数量	型号	生产厂家
真空乳化机	1	TFZRJ-350	温州天富制药设备有限公司
灌装封尾机	1	GF-120	上海胜智机械设备有限公司
喷码机	1	LIN-6100	领新达嘉包装设备有限公司

13．技术安全及劳动保护

13.1　技术安全

（1）在生产过程中必须按照“安全为了生产，生产必须安全”的原则，避免任何事故的发生。

（2）机器操作工必须了解机器性能、结构，并能正确使用与维护机器。

（3）操作工的身体不得与运行中的机器接触，以免造成人身事故，滚动设备操作工的衣袖，大襟应收紧。

（4）不允许检修正在运行中的机器的任何部位，机器发生故障要停车检修。操作工必须熟练本机器各种可调部分，特别是开关按钮，以便随时调节并停车，防止错开和错调。

（5）所有电器设备应装有地线，使用易燃易爆物料的岗位应有防爆设施，机器上的一切运转与转动部分应设有防护罩。

（6）车间防火设施标识明显，存放于固定的、便于取用的位置，不得随意搬动。

（7）不得用湿手触动电源开半或用湿东西擦电源开关。

（8）不得随意启动各种机器开关，启动时必须由单人操作，其他人员不得随意操作。

13.2　劳动保护

根据洁净级别不同，穿着不同级别的工作服，洁净区直接接触药品的操作工要戴不脱丝、不掉毛的手套。

14．劳动组织岗位定员，工时定额，工序生产周期和产品生产周期

14.1　劳动组织、岗位定员与工时定额

劳动组织、岗位定员与工时定额见表附B-6。

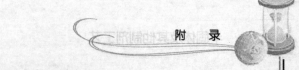

表附 B-6　劳动组织、岗位定员与工时定额

岗 位 名 称	岗位定员（人）	工时分配/h	日 产 量
配　制	5	8	
灌　封	4	8	
喷　码	3	8	
包　装	12	8	
管理人员	4	8	
合　计	28	40	

14.2　工序生产周期和产品生产周期

工序生产周期和产品生产周期见表附 B-7。

表附 B-7　工序生产周期和产品生产周期

日期 工序	1	2	3	4	5	6	7	8	9	10
配　制										
灌　封										
喷　码										
包　装										
成　品										

15．中间产品收率、成品收率及物料平衡率

15.1　中间产品收率

灌注合格收率及物料平衡率（按批计算）计算如下。

（1）灌注合格收率计算公式

$$灌注合格收率=\frac{灌注合格数量（支）}{理论产量（支）}\times 100\%$$

灌注合格收率≥97%。

（2）物料平衡率计算公式

$$物料平衡率=\frac{（合格数+不合格数）\times 装量+取样量+废料}{配制总重量}\times 100\%$$

$$物料平衡率=\frac{合格品数+破损数+结余数}{领用数}\times 100\%$$

物料平衡限度为 98%～100%。

15.2　成品收率（按批计算）计算公式

$$成品收率=\frac{实际产量（支）}{理论产量（支）}\times 100\%$$

成品收率为 96%～100%。

16．包装材料消耗定额及物料平衡计算（按批计算）

16.1　铝管利用率及物料平衡率

（1）铝管利用率计算公式

$$铝管利用率=\frac{投入量（支）-废管量（支）}{投入量（支）}\times 100\%$$

其中　投入量=上机量−机上剩余量

铝管利用率≥98.5%。

（2）物料平衡率计算公式

$$物料平衡率=\frac{灌注后数量+废品数}{实用数}\times 100\%$$

物料平衡限度为100%。

16.2　说明书利用率及物料平衡率

（1）说明书利用率计算公式

$$说明书利用率=\frac{实用量（张）-废品量（张）}{实用量（张）}\times 100\%$$

说明书利用率≥98%。

（2）物料平衡率计算公式

$$物料平衡率=\frac{合格品数+破损数+结余数}{领用数}\times 100\%$$

物料平衡限度为100%

16.3　小盒利用率及物料平衡

（1）小盒利用率计算公式

$$小盒利用率=\frac{实用量（盒）-废盒量（盒）}{实用量（盒）}\times 100\%$$

小盒利用率≥98%。

（2）物料平衡率计算公式

$$物料平衡率=\frac{合格品数+破损数+结余数}{领用数}\times 100\%$$

物料平衡限度为100%

16.4　包装材料消耗

包装材料消耗见表附B-8。

表附B-8　包装材料消耗　　（单位：百件）

材料名称	单位	理论用量	损耗率	最大消耗量
铝管	支	30000	1%	30300
说明书	张	30000	0.1%	30030
棉签	包	30000	0.1%	30030
小盒	个	30000	0.1%	30030
大箱	个	100	0%	100
垫板	张	200	0%	200

17．综合利用和环境保护（略）

三废排放均未超出国家有害物资排放标准，不需要另行处理。

附录 C 药物制剂处方的综合设计

设计说明

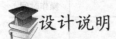

本设计分 12 个常用药物制剂的处方设计，要求学生选择其中 1～2 个剂型进行处方综合设计。剂型是为适应治疗或预防的需要而制备的不同给药形式。剂型与给药途径是临床上是能否充分发挥药物的应有作用的重要因素，在剂型确定以后，处方设计与筛选就成为临床用药成败的关键。本设计通过在给定的几种药物中选择一种药物，通过查阅文献，根据药物的理化性质、药理作用及临床应用，选择适宜的给药途径。在口服溶液剂、口服乳剂、口服混悬剂、片剂、软膏、栓剂和注射剂等剂型中选择任意一种剂型进行设计与制备。根据文献资料和预实验选择适宜的辅料和用量，最终制备出具有实际应用价值的剂型，并满足各剂型项下的质量要求，达到综合运用各种知识的目的。本设计要求制备的各药物制剂符合《中国药典》（2010 年版）的要求。在具体操作过程中填写《药物制剂综合设计记录》见表附 C-1。

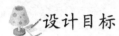

设计目标

（1）了解药物性质与剂型设计的关系。

（2）熟悉不同剂型中辅料的选择原则及其用量的确定方法。

（3）通过不同剂型、不同辅料及不同辅料用量的考察，培养学生的综合动手能力。

表附 C-1 药物制剂综合设计记录

品　名		规　格			批　号		
操作日期	年　月　日	房间编号		温度	℃	相对湿度	%
操作步骤	操作要求			操作记录			操作时间
1．操作前检查	设备是否完好正常			□是　□否			
	设备、容器、工具是否清洁			□是　□否			
	计量器具仪表是否校验合格			□是　□否			
2．设计思路							
3．物料及分析							
4．仪器设备							
5．工艺流程图							

（续）

品　　名		规　格			批　号			
操作日期	年　月　日	房间编号		温度	℃	相对湿度	%	
操作步骤	操作要求			操作记录			操作时间	
6．制备过程								
7．质量检查项目及结果								
备　　注	质量检查记录及各岗位操作记录附后							
操作人		复核人			QA 人员			

操作过程

一、材料与设备的选择

1．材料

（1）**制备用原料药**：尼莫地平、鱼肝油、四环素、甲硝唑、双氯酚酸钾、布洛芬、氯霉素、呋喃西啉、鸦胆子油、月见草莪术油。

（2）**制备用辅料**：琼脂、蔗糖、羊毛脂、淀粉、阿拉伯胶、西黄蓍胶、液化石蜡、盐酸、枸橼酸、枸橼酸钠、卡波姆、氢氧化钠、焦亚硫酸钠、凡士林、预胶化淀粉、乳糖、微晶纤维素、石蜡、硬脂酸、羟丙甲纤维素、甘油、海藻酸钠、聚维酮、聚山梨酯-80、交联羧甲基纤维素钠、脱水山梨醇单油酸酯、交联聚维酮、羧甲基纤维素钠、硅皂土、羧甲基淀粉钠、三乙醇胺、十二烷基硫酸钠、羟苯乙酯、低取代羟丙基纤维素、硬脂酸镁、滑石粉、聚乙二醇 2000、聚乙二醇 4000、聚乙二醇 400、微粉硅胶、单硬脂酸甘油酯、乙醇、甘油、甘油明胶、泊洛沙姆、聚氧乙烯（40）硬脂酸酯（S-40）、丙二醇、普郎尼克 F-68、亚硫酸钠、乙二胺四乙酸二钠、注射用水。

2．制备用设备

压片机，干燥器，崩解仪，硬度计，粉碎机（或乳钵），制粒与整粒用筛网，磁力搅拌器，熔封灯，温热灭菌锅，冷冻干燥机，轧盖机，凝固点测定仪，共熔点测定仪，微孔滤膜过滤器，紫外分光光度计，融变仪，栓剂模具，组织捣碎机，滴丸机，均质机，包衣机，包衣锅，挤出滚圆造粒机，离心造粒机。

二、剂型选择及要求

1．片剂

（1）粉末直接压片、干法制粒压片、湿法制粒压片。

（2）填充剂的种类、用量。

(3) 黏合剂（或润湿剂）的种类、用量。
(4) 崩解剂的种类、用量及加入方法。
(5) 其他附加剂的种类和用量。

2．软膏剂

(1) 基质的类型、用量。
(2) 乳化剂的类型、用量。
(3) 不同基质对药物释放的影响。
(4) 抑菌剂的种类、用量。
(5) 其他附加剂的种类、用量。

3．栓剂

(1) 基质的类型、用量。
(2) 不同基质对药物溶出速度的影响。
(3) 渗透促进剂的种类、用量。
(4) 表面活性剂的种类、用量。
(5) 其他附加剂的种类、用量。

4．注射剂

(1) 溶剂的种类、用量。
(2) 增溶剂、助溶剂的种类和用量。
(3) pH 调节剂的种类、用量。
(4) 抗氧剂、金属离子络合剂的种类。
(5) 其他附加剂的种类及用量。

5．溶液剂

(1) 溶剂的种类、用量。
(2) pH 调节剂的种类、用量。
(3) 增溶剂、助溶剂的种类和用量。
(4) 其他稳定剂的种类、用量。
(5) 防腐剂的种类、用量。
(6) 矫味剂的种类、用量。

6．混悬剂

(1) 溶剂的种类、用量。
(2) pH 调节剂的种类、用量。
(3) 助悬剂种类、用量。
(4) 絮凝剂的种类、用量。
(5) 混悬粒子的粒径。
(6) 矫味剂的种类、用量。

7．乳剂

(1) 溶剂的种类、用量。
(2) 乳化剂的种类、用量。
(3) HLB 值的确定。

（4）矫味剂的种类、用量。
（5）其他附加剂的种类、用量。
（6）药物的加入方式。

8．滴丸剂
（1）基质的种类、用量。
（2）滴制管径的大小。
（3）冷凝液的种类、用量。
（4）其他附加剂的种类、用量。

9．包衣处方的设计
（1）成膜材料的种类、用量。
（2）增塑剂的种类、用量。
（3）抗粘着剂的种类、用量。
（4）着色剂的种类、用量。
（5）其他附加剂的种类、用量。

10．滴眼剂
（1）溶剂的种类、用量。
（2）增溶剂、助溶剂的种类、用量。
（3）pH 调节剂的种类、用量。
（4）抗氧剂、金属离子络合剂的种类。
（5）缓冲剂的种类、用量。
（6）抑菌剂的种类、用量。
（7）其他附加剂的种类、用量。

11．冻干粉针剂
（1）溶剂的种类、用量。
（2）增溶剂、助溶剂的种类、用量。
（3）pH 调节剂的种类、用量。
（4）支持剂的种类、用量。
（5）抑菌剂的种类、用量。
（6）其他附加剂的种类、用量。

12．凝胶剂
（1）基质的类型、用量。
（2）不同基质对药物释放的影响。
（3）抑菌剂的种类、用量。
（4）其他附加剂的种类、用量。

三、结果与讨论要求

在设计报告中应提供完整的处方、制备工艺、工艺流程、剂型选择、剂量选择及辅料选择的依据，处方筛选的详细过程，并通过质量检查应符合各剂型项下的药典规定。

各剂型项下药典的规定和各剂型应检查项目如下：

（1）片剂：规格、外观、药物含量、片重差异、硬度、脆碎度、崩解时限、溶出度。

（2）软膏剂：规格、外观、药物含量、药物释放、熔程、稠度、耐热及耐寒试验

（3）栓剂：规格、外观、药物含量、药物溶出速度、重量差异、融变时限。

（4）注射剂：规格、外观、药物含量、澄明度、稳定性、pH 值、渗透压、热原。

（5）溶液剂：规格、外观、药物含量、澄明度、稳定性、pH 值。

（6）混悬剂：规格、外观、药物含量、沉降体积比、稳定性、pH 值、粒子大小。

（7）乳剂：规格、外观、药物含量、稳定性、pH 值、粒子大小。

（8）滴丸剂：规格、外观、药物含量、重量差异、融化时限。

（9）包衣处方的设计：外观、包衣增重、溶解时限、耐酸度。

（10）滴眼剂：规格、外观、药物含量、澄明度、稳定性、pH 值、张力、黏度、渗透压。

（11）冻干粉针剂：规格、外观、药物含量、澄明度、稳定性、pH 值、渗透压、热原、再分散性、溶液的颜色。

（12）凝胶剂：规格、外观、药物含量、药物释放、稠度、耐热及耐寒试验。

知识链接

药物制剂综合设计指导原则

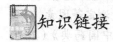

药物必须制成适宜的剂型才能用于临床。若剂型选择不当，处方工艺设计不合理，不仅影响产品的理化特性（如外观、溶出度、稳定性），而且可能降低生物利用度与临床疗效。因此，正确选择剂型，设计合理的处方与工艺，满足不同给药途径的需要，提高产品质量等工作，在新药研究与开发中占有十分重要的地位。

为了保证药物产品安全有效、质量稳定，选择最佳剂型、设计合理的处方与工艺，规范制剂研制程序，特制订本指导原则。

本指导原则适用于常规制剂。特殊制剂，如脂质体、微囊、微球等可参照执行。

一、剂型选择的依据

研究任何一种剂型，首先要说明选择该剂型的依据，有何优点或特点，同时要说明该剂型国内外研究状况，并提供国内外文献资料。

二、处方前工作

在处方设计前应查阅有关文献资料或进行必要的实验研究工作。

（1）掌握主药的分子结构、药物色泽、臭味、颗粒大小、形状、晶型、熔点、水分、含量、纯度、溶解度和溶解速度等物理化学性质，特别要了解热、湿及光对药物稳定性的影响。同时对所用辅料也应掌握其理化特性，为处方设计与工艺研究提供科学依据。

（2）研究主药与辅料相互作用。一类新药应进行主药与辅料相互作用的研究，其他类新药必要时也可以进行此项研究。以口服固体制剂为例，提供如下具体实验方法：可选若干种辅料，如辅料用量较大的（如赋形剂、填充剂、稀释剂等）可用主药:辅料=1:5 的比例混合；若用量较小的（如润滑剂），则用主药:辅料=20:1 的比例混合。取一定量，按照药物稳定性指导原则的影响因素实验方法，分别在强光（4500 ± 500lx）、高温（60℃）、高湿（相对湿度 90% ± 5%）的条件下放置 10d，用 HPLC 或其他适宜的方法检查含量及有关物质放

置前后有无变化，同时观察外观色泽等药物性状的变化。必要时，可用纯原料做平行对照实验，以区别是原料本身的变化还是辅料的影响。有条件的地方可用差热分析等方法进行实验，以判断主药与辅料是否发生相互作用。根据实验结果，选择与主药没有相互作用的辅料，用于处方研究。

三、处方筛选与工艺研究

（1）如研究制剂系国内外已生产并在临床上使用的品种，而采用的处方与已有的品种主药、辅料种类及用量完全一致，并能提供已有品种处方的可靠资料，则可不进行处方筛选研究。同样，如制备工艺与已有品种完全一致，并能提供有效证明，也可不进行制备工艺研究。若只有辅料种类相同，而用量不同，则应进行处方筛选。凡自行设计的处方与工艺均应进行处方筛选与工艺研究。

（2）辅料的选择

1）辅料选择的一般要求：辅料是主药外一切辅料的总称，是药物制剂的主要组成部分，应根据剂型或制剂成型与基本性能及给药途径的需要选择适宜的辅料。例如小剂量片剂，主要选择填充料或稀释剂，以便制成适当大小的片剂，便于病人服用；对一些难溶性药物的片剂，除一般成型辅料外，主要应考虑加入较好的崩解剂或表面活性剂；凝胶剂则应选择能形成凝胶的辅料。此外，还应考虑辅料不应与主药发生相互作用，不影响制剂的含量测定等因素。

2）辅料的来源：制剂处方中使用的辅料，原则上应使用国家标准（即《中国药典》（2010年版）、部颁标准、局颁标准）和地方标准收载的品种及批准进口的辅料。对制剂中习惯使用的辅料，应提供依据并制订相应的质量标准。对国外药典收载及国外制剂中已经使用的辅料，特殊需要而且用量不大时，应提供国外药典资料、国外制剂中使用的依据及有关质量标准与检验结果。对食品添加剂（如调味剂、矫味剂、着色剂、抗氧化剂），应提供质量标准及使用依据。改变给药途径的辅料，应制订相应的质量标准。凡国内外未使用过的辅料，应按新辅料申报。化学试剂不得作药用辅料。

（3）处方筛选与工艺研究过程。根据查阅资料及实验所得到的原辅料性质，考察辅料是否对主药含量及有关物质的测定存在干扰，结合剂型特点，至少设计3种以上的处方与工艺操作，进行小样试制。处方包括主药与符合剂型要求的各类辅料，如片剂，则应有稀释剂、粘合剂、崩解剂、润滑剂等。工艺操作一般包括粉碎、过筛、混合、配制、干燥、成型等过程，特别注意温度、转速、时间等操作条件，小剂量药物应采用特殊方法使其混合均匀。制剂处方筛选与工艺研究，在进行预实验的基础上，可以采用比较法，也可用正交设计、均一设计或其他适宜的方法。根据不同剂型，选择合理的评价项目，一般包括制剂基本性能评价与稳定性评价两部分。

1）制剂基本性能评价。列举几种典型剂型基本性能的评价项目，其他剂型可参考应用。

① 片剂　外观、硬度、溶出度或释放度，流动性（片重差异），可压性。

② 胶囊剂　外观、内容物流动性（装量差异）、溶出度或释放度。

③ 颗粒剂　性状、粒度、溶化性。

④ 注射剂　外观、色泽、澄明度、pH值。

⑤ 滴眼剂　溶液剂：性状、澄明度、pH值。

⑥ 混悬剂　沉降体积比、粒度。

⑦ 软膏剂　性状、均匀性、分层现象（如乳膏剂）。

⑧ 口服溶液　性状、色泽、澄清度、pH值。

⑨ 透皮贴剂　性状、透皮速率、释放度、粘着性。

⑩ 其他剂型　参考上述要求制订合理的评价项目。

除性状外，均应提供具体数据。

2）制剂稳定性评价与包装材料的选择。对经过制剂基本项目考察合格的样品，选择两种以上进行制剂影响因素考察。主要考察项目如含量、有关物质及外观变化情况，具体实验方法参看药物稳定性指导原则。样品分别在强光（4500±500lx）、高温（60℃）、高湿（相对湿度90%±5%）条件下考察5天，若考察项目能够区别制剂处方的优劣，就不再进行实验；若不能区别，则继续进行5天累计10天考察，必要时还可适当提高温度或延长实验时间，不适宜采用60℃高温或90%±5%相对湿度的品种，可用40℃或相对湿度75%±5%的条件。对于易水解的水溶液制剂（如注射液），还应研究不同pH值的影响。易氧化的品种，应探讨是否通氮气或加抗氧剂等条件的变化。总之要根据品种剂型性能的不同，设计必要的影响因素实验，选择出稳定的制剂处方。

根据本项研究结果，对光敏感的制剂应采取避光包装，对易吸湿的产品则应用防潮包装，对不耐高温的产品除严密包装外应低温或阴凉处贮存。

四、放大试验与初步质量评价

经过小试而确定制剂处方与制备工艺条件后，应放大实验（如片剂10000片左右，胶囊剂10000粒左右），并对放大产品按照制订的质量标准进行全面质量评价后，才能用于临床研究。

五、申报资料要求

剂型选择依据整理于综述资料第1项中。其他资料应整理总结于药学资料第1项中，即制剂处方与工艺研究资料及文献资料。

1. 完整处方

完整处方应包括原辅料名称、数量和产品规格。数量以1000个剂量单位计，如1000片，同时要说明各辅料在处方中的作用。

2. 制剂工艺与工艺流程图

应写明详细的制备过程与操作步骤，画出流程图，并应说明使用设备情况，制备工艺过程应与大生产一致。

3. 处方依据、处方筛选与工艺研究过程

按前述2.和3.所述要求整理，根据试验结果如实总结，包括应用的试验方法、结果与结论，也可以用图表说明。特别是制剂的基本性能与稳定性，应将结果见图表。经过放大试验的处方与工艺可以整理在本项目内。

4. 原辅料质量标准及生产厂家。

原辅料质量标准及生产厂家应注明执行的原辅料质量标准的详细情况，以及生产原辅料的具体厂家情况。

5. 参考文献。

将制剂综合设计过程中参考的文献资料整理，按标准著录格式注出。

四、处方设计范例

卡维地洛片的制备

摘要　目的　制备卡维地洛片。**方法**　用正交实验设计方法对处方工艺进行筛选与优

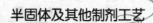

化，并通过加速试验考察片剂稳定性。**结果** 以优选处方工艺制备的三批样品质量稳定。**结论** 该处方工艺合理，所得产品质量稳定。

关键词 卡维地洛；片剂；正交实验；稳定性；

卡维地洛（Carvedilol），1979 年在德国面世。该药是一个全新的具有 α_1 受体阻滞作用的第三代β受体阻滞剂[1]，对轻、中度高血压病人有多方面益处，适用于并发冠心病、Ⅱ型糖尿病、高脂血症、充血性心衰或肾功能不全的高血压病人[2]。笔者通过正交试验筛选处方，制备出卡维地洛片（10mg），并对其稳定性进行了研究。

1．材料、药品与仪器

卡维地洛（深圳市清华源兴药业有限公司）；微晶纤维素（淮南山河药用辅料公司）；羧甲淀粉钠（淮南山河药用辅料公司）；十二烷基硫酸钠（广东西陇化工厂）；聚维酮 K30（PVPK30，河南省开源精细化工厂）；滑石粉（桂林市桂广滑石开发有限公司）；硬脂酸镁（淮南山河药用辅料公司）；羟丙甲基纤维素（HPMC，上海市卡乐康包装技术有限公司）；L-羟丙纤维素（L-HPC，营口奥达制药有限公司）；卡维地洛对照品（中国药品生物制品检定所，含量 99.9%）。高效液相色谱仪（LC-10A 型，日本岛津）；紫外可见分光光度计（UV-240 型，日本岛津），智能溶出仪（ZRS-4 型，天津大学无线电厂）；摇摆式颗粒机（上海信谊制药设备有限公司）；单冲压片机（DP3 型，北京国立药龙科技有限公司）；恒温恒湿试验仪（台湾杨程仪器工业公司）。

2．处方筛选

以卡维地洛片的溶出度和药典中片剂通则要求为基础进行处方筛选。根据初步实验结果，先固定主药的处方用量为 10g，硬脂酸镁的处方用量为干颗粒总重量的 0.5%，而对微晶纤维素、淀粉、乳糖等稀释剂，对 CMS-Na、L-HPC 等崩解剂，对淀粉浆、PVPK30 水溶液、HPMC 溶液等粘合剂及对表面活性剂十二烷基硫酸钠的不同用量等进行了三个水平的正交实验设计，见表附 C-2 和表附 C-3。

由表附 C-3 中的 K_1、K_2、K_3 可以清楚地看出：以最大溶出度为判断标准，应选择因素 A 的 1 水平，因素 B、因素 C 和因素 D 的 2 水平，即 $A_1B_2C_2D_2$。同时，从 ΔK 可以看出，因素 B、D 较为重要，应选因素 B 和因素 C 的 2 水平，因素 A 和因素 C 不同水平间的影响不太明显，从实际生产成本考虑，应选因素 A 和因素 C 的 1 水平。因此正交实验筛选优化的处方为 $A_1B_2C_1D_2$。

表附 C-2 正交实验因素与水平的划分

水平	因素 A	因素 B	因素 C	因素 D
1	微晶纤维素	—	淀粉浆适量	十二烷基硫酸钠
	（120g）		（8%）	（0g）
2	淀粉	CMS-Na	PVPK30水溶液适量	十二烷基硫酸钠
	（120g）	（10g）	（10%）	（2g）
3	乳糖	L-HPC	HPMC水溶液	十二烷基硫酸钠
	（120g）	（10g）	（2%）	（4g）

注：因素 A、B、C、D 分别代表稀释剂、崩解剂、粘合剂及表面活性剂的种类。

表附 C-3 处方筛选正交实验计算表

实验号	序列号				溶出度（%）
	A	B	C	D	
1	1	1	1	1	56.4
2	1	2	2	2	95.8
3	1	3	3	3	75.1
4	2	1	2	3	70.8
5	2	2	3	1	66.4
6	2	3	1	2	78.3
7	3	1	3	2	73.9
8	3	2	1	3	91.2
9	3	3	2	1	59.4
K_1（%）	75.8	67.0	72.8	60.7	
K_2（%）	71.8	84.5	75.3	82.7	
K_3（%）	74.8	71.8	72.1	79.0	
$\triangle K$（%）	4.0	17.5	3.2	22.0	

注：K_1、K_2、K_3 分别为各因素 1、2、3 水平的平均溶出度；ΔK 为平均溶出度之间的极差

表附 C-4 正交实验方差分析表

差异来源	离均差平方和	自由度	P 值
因素B	502.3	2	< 0.01
因素D	829.2	2	< 0.01
因素A	25.3	2	
因素C	24.7	2	
误差	0	0	
总和	1381.5	8	

从表附 C-4 我们可以看出，因素 B 和因素 D 对样品的溶出度影响明显，所以必须将因素 B 和因素 D 选择在优水平上，即应选择 B_2 和 D_2。而因素 A 和因素 C 对溶出度影响不明显，可根据生产实际情况选择其水平。因此，优选处方为 $A_1B_2C_1D_2$，这与直观分析法所得的结果一致。

据此，我们制备了三批样品，所得片剂的片重差异合格，溶出情况良好。样品的性能评价见表附 C-5。

表附 C-5 样品的性能评价

批次	外观性状	片重差异	含量（%）	溶出度（%）
1	类白色	合格	99.8	93.4
2	类白色	合格	100.2	92.6
3	类白色	合格	101.1	93.1

3. 试验方法

（1）卡维地洛片的制备 先将处方量的卡维地洛与 CMS-Na、微晶纤维素采用等量递增法混匀后再加入含十二烷基硫酸钠的淀粉浆（8%）适量，制软材，18 目筛制粒，于 50℃的热空气中干燥后加入硬脂酸镁混匀，用 16 目筛整粒、压片、包装，即得。

（2）制剂的含量测定 取本品 20 片，精密称定，研细，精密称取细粉适量（约相当于卡维地洛 10mg），置 100ml 量瓶中，加甲醇 10ml，振摇，加盐酸溶液（9→1000）约 40ml，振摇 20min，使卡维地洛溶解；用盐酸溶液（9→1000）稀释至刻度，摇匀，滤过；

精密量取续滤液 5ml，置 100ml 量瓶中，用盐酸溶液（9→1000）稀释至刻度，摇匀，作为供试品溶液；另取卡维地洛对照品置于五氧化二磷干燥器中，减压干燥至恒重，约 1mg，精密称定，置 100ml 量瓶中，加甲醇 10ml，振摇使溶解；用盐酸溶液（9→1000）稀释至刻度，摇匀，作为对照品溶液。取上述两种溶液，采用分光光度法（《中国药典》（2010 年版）二部附录 IVA），在 241nm 处测定吸收度，计算即得。

（3）**溶出度的测定** 取本品，按溶出度测定法（《中国药典》（2010 年版）二部附录 XC 第一法），以盐酸溶液（9→1000）900ml 为溶剂，转速为 100r/min，依法操作，经 30min 时，取溶液 10ml，滤过，精密量取续滤液 5ml，置 10ml 量瓶中，加盐酸溶液（9→1000）稀释至刻度，摇匀，作为供试品溶液；另精密称取卡维地洛对照品 10mg，置 100ml 量瓶中，加甲醇 10ml，振摇使溶解，用盐酸溶液（9→1000）稀释至刻度，摇匀。精密量取 5ml，置 100ml 量瓶中，用盐酸溶液（9→1000）稀释至刻度，摇匀，作为对照品溶液。取上述两种溶液，采用分光光度法（《中国药典》2010 年版）二部附录 IVA）在 241nm 处测定吸收度，计算每片溶出量限度为标示量的 80%，应符合规定。

（4）**稳定性试验**[3] 通过加速试验依法考察其外观性状、含量、溶出度的变化情况，以确定制剂的稳定性。将本品按上市药品包装（铝塑），在 40℃及 75%的相对湿度的条件下进行试验，放置 6 个月。在 0，1，2，3 月末分别取样（表附 C-6）。

表附 C-6 样品加速试验考察结果

批 次	时间/月	外 观 性 状	含量（%）	溶出度（%）
1	0	类白色	99.8	93.4
	1	类白色	99.7	93.3
	2	类白色	99.9	93.6
	3	类白色	98.8	93.1
2	0	类白色	100.2	92.6
	1	类白色	101.1	92.9
	2	类白色	100.4	91.2
	3	类白色	100.1	89.9
3	0	类白色	101.1	93.1
	1	类白色	102.1	92.8
	2	类白色	100.4	93.0
	3	类白色	99.7	92.2

4．讨论

在处方筛选过程中，我们发现不同种类的稀释剂和粘合剂对制剂中卡维地洛的溶出度影响不大，而不同种类的崩解剂或表面活性剂的用量对溶出度有较大影响，其中 CMS-Na 最有利于溶出度的提高。十二烷基硫酸钠的用量约为 0.5%～1%，超过此量对溶出度也无促进作用，用量再增加反而使溶出度下降。

卡维地洛在水中的溶解度很小，其片剂中必须加亲水性辅料，如微晶纤维素或羧甲淀粉钠及表面活性剂十二烷基硫酸钠等；由于剂量较小，在操作工艺中应该采用等量递加法混合，以确保制剂含量均匀。

范例参考文献

[1] Hauf-zaeharion U et a1．Eur J Clin Pharmacol，1993；45：95～100．

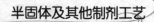

[2] 奚念朱．药剂学．北京：人民卫生出版社，1997：119～150．

参 考 文 献

[1] 国家药典委员会．中华人民共和国药典[M]．北京：中国医药科技出版社，2010.

[2] 中华人民共和国卫生部．药品生产质量管理规范（2010 年修订）[S]．中华人民共和国卫生部令第 79 号，2011.

[3] 李远文．卡维地洛片的制备[J]．安徽医药，2003，7（2）：96-97.

[4] 张健泓．药物制剂技术实训教程[M]．北京：化学工业出版社，2009.

[5] 崔福德．药剂学实验指导[M]．北京：人民卫生出版社，2007.

[6] 李远文．固体制剂工艺[M]．北京：机械工业出版社，2012.

[7] 崔福德．药剂学[M]．北京：人民卫生出版社，2011.

[8] 龙晓英，房志仲．药剂学[M]．北京：科学出版社，2009.